新手理财系列

新手学理财新玩法
(入门与实战 468 招)

张　洁　编著

清华大学出版社
北京

内 容 简 介

本书通过 15 种最受追捧的理财产品详解＋18 章专题内容详解＋280 多张清晰图片＋468 招精华理财技巧，深度向所有理财新手传授理财的精华技巧，让广大理财初学者一书在手，即可彻底看懂、玩转投资理财，从菜鸟成为达人，从新手成为投资理财高手！

全书共分 18 章，包括理财前的知识普及、理财前摸底大调查、选择理财产品的依据和技巧以及信用卡理财、银行理财、P2P 理财、储蓄理财、保险理财、黄金理财、基金理财、期货理财、股票理财、债券理财、外汇理财、房产理财、古玩理财、火爆产品、手机理财等产品和相关平台，助力读者轻松掌握投资理财的技巧，助力新手们征战各种投资理财领域。

本书结构清晰、语言简洁、图表丰富，适合投资理财行业的理财初学者和对投资理财感兴趣的所有人士以及希望通过投资理财获得第一桶金的所有投资者与所有创业者。另外，也适用于相关领域的机关和事业单位作为内部培训的教材等。

图书在版编目(CIP)数据

新手学理财新玩法(入门与实战 468 招)/张洁编著. —北京：清华大学出版社，2017
(新手理财系列)
ISBN 978-7-302-46753-3

Ⅰ. ①新…　Ⅱ. ①张…　Ⅲ. ①财务管理—基本知识　Ⅳ. ①TS976.15

中国版本图书馆 CIP 数据核字(2017)第 048613 号

责任编辑：杨作梅
装帧设计：杨玉兰
责任校对：周剑云
责任印制：刘海龙
出版发行：清华大学出版社
　　　　　网　　　址：http://www.tup.com.cn, http://www.wqbook.com
　　　　　地　　　址：北京清华大学学研大厦 A 座　　　邮　　编：100084
　　　　　社 总 机：010-62770175　　　　　　　　　邮　　购：010-62786544
　　　　　投稿与读者服务：010-62776969, c-service@tup.tsinghua.edu.cn
　　　　　质量反馈：010-62772015, zhiliang@tup.tsinghua.edu.cn
印 装 者：北京泽宇印刷有限公司
经　　销：全国新华书店
开　　本：170mm×240mm　　印　张：18.75　　字　数：298 千字
版　　次：2017 年 6 月第 1 版　　　　　　印　次：2017 年 6 月第 1 次印刷
印　　数：1～3000
定　　价：45.00 元

产品编号：072577-01

一本新、细、全的投资理财书

■ 写作驱动

21 世纪的人类，随着生活品质和生活品位的提高，对生活质量的要求也越来越高，理财意识也在提高，人如果想要拥有舒适自由的生活，就必须学会理财，甚至可以将理财作为一项长期的事业来打理。

本书定位于理财新手通俗理财读物，注重实用性和操作性，全面、系统地分析了新手在投资理财中可能遇到的主要问题并介绍了多种操作方法和技巧。希望广大投资者通过阅读本书，能开阔视野、拓宽财路。

■ 本书特色

本书主要在以下几个方面做了努力。

1. 18 个专题内容安排

本书包括：理财知晓+理财解密+理财智选+信用卡理财+银行理财+P2P 理财+储蓄理财+保险理财+黄金理财+基金理财+期货理财+股票理财+债券理财+外汇理财+房产理财+古玩理财+火爆产品+手机理财这 18 个专题内容，助力所有新手征战各种投资理财领域。

2. 280 多张清晰彩插放送

全书采用图文结合的方式进行撰写，将 280 多张图片嵌入内容中，让读者对各种投资更有领悟力，通过大量的理论和实操，成就新手的财富梦想。

3. 468 招，招招精辟入理

本书最大的特色就是通过 468 招知识要点，向所有读者展现理财的最精华内容，内容全面、深刻，让所有的理财新手成功逆袭，实现富人梦想。

■ 作者信息

本书由张洁编著，参与编写的人员还有隆光辉、刘胜璋、刘向东、刘松异、刘伟、卢博、周旭阳、袁淑敏、谭中阳、杨端阳、李四华、王力建、柏承能、刘桂花、柏松、谭贤、谭俊杰、徐茜、刘嫔、苏高、柏慧等人，在此一并表示感谢。由于作者知识水平有限，书中难免有错误和疏漏之处，恳请广大读者批评、指正，联系微信号：157075539。

编 者

目录

第1章
理财知晓：理财前的知识普及

学前提示

在现代社会中，人必须注重理财，才能使生活更加完美。虽然每个人理财的渠道不尽相同，但是理财的目的基本一样：赚钱。欲达此目的，在理财之前，就需要对理财常识有个透彻的了解，再结合自己的实际，做到有备而来。这就是："知己知彼，百战不殆。"

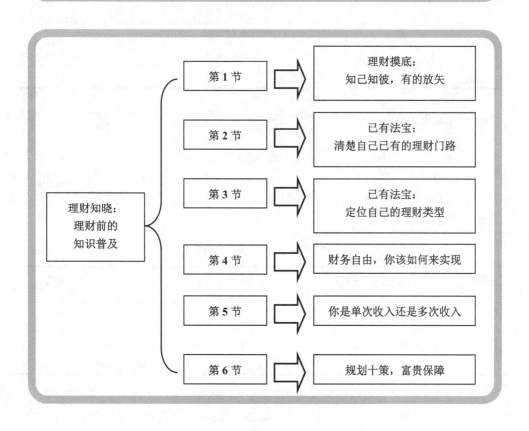

理财知晓：理财前的知识普及

第1节	理财摸底：知己知彼，有的放矢
第2节	已有法宝：清楚自己已有的理财门路
第3节	已有法宝：定位自己的理财类型
第4节	财务自由，你该如何来实现
第5节	你是单次收入还是多次收入
第6节	规划十策，富贵保障

1.1 理财摸底：知己知彼，有的放矢

　　只要努力工作，每天都会有钱进入你的口袋；只要你在生活，每天都会有钱从你的口袋流出。那么，你知道自己实际拥有多少钱吗？

001 清一清主要收入来源有哪些

　　一般情况下，普通人的收入来源包括工资收入、投资收入等，如表 1-1 所示。其中，工资收入是以人赚钱，理财投资收入则是以钱赚钱。

表 1-1　常规收入方式

工资收入		投资收入	
收入方式	收入数量	收入方式	收入数量
薪水		房屋租金	
佣金		房屋出售	
奖金		股利分红	
补贴		收藏升值	
自营事业		其他投资	

002 清一清其他收入来源有哪些

　　除正式工作外很多人可能还有其他收入渠道，如兼职、写作以及收藏等，尽可能增加收入可以使生活更加舒适，当其中一个收入来源遇到意外时，不至于让整个家庭生活陷入困境。例如，身为大学美术老师的小沈考虑在工资收入之外拓展一些其他收入渠道，如表 1-2 所示。

表 1-2　拓展收入渠道

兴趣特长	能否用于赚钱	是否有时间兼职	拓展收入渠道
课外补习	能。中上水准即可给学生补课	有。每日晚餐后两小时	补习班
作画	能。可出售作品	有。周末	参加各种画展，或通过淘宝等网络渠道

　　读者可根据自己的实际情况填写上表，收入来源中每次工作付出只能得到一次报酬收入的属于单次收入，如职员薪资；能重复得到多次报酬收入的，属于多次收入来

源，只有拓展多次持续性收入来源的渠道，才能更轻松地长期获利。

1.2 已有法宝：清楚自己已有的理财门路

中国民间有句俗语："有钱能使鬼推磨。"此话虽然难免偏激但也道出了钱的重要性。因此，关于"怎么赚钱"这个永恒的话题，跟你读书时数学老师要求解深奥的不等式题相比更令人抓狂。究竟用什么方法，可以让钱生钱呢？

003 人挣钱——积累财富不能仅靠工资

每个人都会对自己刚踏入社会的第一份工资记忆深刻。

从近几年大学生毕业后签约的薪资报告来看，目前大学毕业生的第一份工作薪资在持续下降，甚至还没有普通农民工的薪资高。

从就业市场需求严重脱节的情况来看：大学生的签约薪资不仅没有任何优势可言，甚至还影响到大多数在职人员的薪资增长幅度。

因此，那些严重依赖一份单薄固定薪水的上班族就免不了抱怨："为了单纯求生存，不得不学会狗的上班节奏！"只是没几个人有勇气写"世界之大，我想出去看看"之类的辞职信。大多数人在抱怨工资不高之后，还是会选择回到工作岗位上，期盼领取那十分单薄的薪水。

人赚钱，那是最初级的赚钱手段，当然效率也最低。依靠劳动来获取报酬的人，一旦停止劳动就等同于切断收入来源，他们往往会受到贫困的困扰。

可以这么讲，依靠薪水赚钱，相当小学水平。这样的收入只能解决生存问题，就算除去开支外还有部分结余，大多数人也一定选择存放在银行里，积年累月，连本带利，也就只能赚一笔少得可怜的财富，这相当于初中水平。

因此，储蓄始终是很原始的阶段，如果想让自己的财富能在短时间内迅速增值，你就得学会以钱生钱。

004 钱生钱——财富成为资本的赚钱法

资本的积累决定财富的增加，资本的运作同时会对财富产生影响。那些想靠工资来积累财富的人，他们基本难以致富。要想较快地积累一笔不错的财富，就必须通过高效的理财手段，让自己的钱运作起来为你赚钱。

你实际上操控着你的资产，以钱生钱，让钱为你服务。怎样让钱"活"起来呢？这很大程度上取决于你怎样操作手里的钱去进行投资。

亚洲大富豪李嘉诚先生曾经说过这么一段话："20 岁以前，所有的钱都是靠双手换来的，20 岁至 30 岁之间是努力赚钱和存钱的时候，30 岁以后，投资理财的重要性

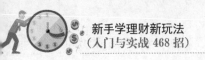

逐渐提高。"

他还说过一句很有名的话："30 岁以前人要靠体力、智力赚钱，30 岁之后要靠钱赚钱(即投资)。"

钱赚钱的效率当然要高于人挣钱，所以你要学会让钱为你工作而不是你为钱工作。民间有句话："人两脚，钱四脚。"钱有四只脚，钱追钱，当然比人追钱快啊！

一些人为了验证"钱追钱快过人追钱"这句话，曾针对财富靠前的企业或项目做过研究。例如，通过对和信企业集团前董事长辜振甫和中信金控董事长辜濂松的财富情况进行研究发现，辜振甫和辜濂松两人的财富增长类型完全不同，前者属于慢热型，后者属于快热型。

台湾人寿总经理辜启允是辜振甫的长子，对其父与辜濂松非常了解，他说："钱放进我父亲的口袋就出不来了，但是放在辜濂松的口袋就会不见。"由此解读：辜振甫选择把赚到的钱存放在银行里，但辜濂松却选择放在高效的理财渠道上。

结果不言而喻，辜濂松的年纪要比叔叔辜振甫小 17 岁，但是他的资产却远远超过了叔叔。因此，人的财富多少，是你是否选择理性、高效的理财渠道，而不是单纯看你赚了多少。

005　复利——时间转换财富的赚钱法

"复利"就是"钱生钱"，具有迅速性、高效性。爱因斯坦曾说复利的威力远远超过原子弹，简单而言就是"利上加利"运转，通俗点说就是"利滚利"。

复利计算公式：

$$本利总和=本金×(1+利率)×期数$$

举个例子：本金为 80000 元，每年利率或者投资回报率为 18%，投资时间为 20 年，这么一算，第一年年底就可以连本带利得到 55000 元，若将 50000 元继续按 10% 的收益率再投资，30 年后获得本利和，用复利计算公式来计算就是：50000×(1+10%)×30=1650000 元。

投资大师约翰·坦伯顿告诉投资者："要想利用复利的神奇魔力，就必须懂得节俭。你必须挪出一半的薪水，作为个人在投资时的第一桶金。"

得到理财的第一桶金后，接下来就是寻找到一款理财产品，使你第一桶金的复利效应能够发挥到极限。除了定期定额和单笔投资基金这两种经常被谈到的具有复利效应的理财产品外，股票的效果也是不错的。

此外，在通过复利理财中，时间是回报率以外的另一个重要投资因素。在复利运转下，要想获得高额财富回报，就必须进行长久的理财投入。大多数理财产品在开始的时候，其增长不会特别明显，但只需坚持用本利再进行理财投入，那么财富就会呈"指数爆炸"式增长。

想要利用复利来达到可观的财富增长，则需要具备以下三个条件。

(1) 丰厚的本金。

(2) 高效、理想的理财渠道。

(3) 毅力和精力。

006 教育——定位未来赚钱法

传统上，人们对理财的理解是：用钱作为资本进行投放，以获得回报。随着时间的推移，"理财"一词作为智力理财、感情理财、健康理财等解读越来越得到更多人的接受和传播，这些理财的手段，回报最乐观、最稳当的就是在自我素质、能力方面的投入，即自我教育。

例如，哈利这个年轻人激情四射，年纪轻轻就成为百万富翁。但他并不满足，闲余时间仍认真学习，并自学了一门与他工作没有任何联系的素描。朋友问他为什么选择学素描，他的回答却令人吃惊："因为素描可以拓展我的知识面，提高我的创造能力。"

很明显，哈利并不因为自己有所成就而放松对自己的要求。因为社会处在变化中，时代在发展，只有不断地学习才能跟上时代的节奏。钱对他而言就是一种媒介，只有先把它变成知识供自己消化、使用，才可能创造财富。

所以，哈利充分利用自己的零碎时间来学习打字、法律、管理学、演讲等，他的学习内容是对他工作有帮助的。实际上，在工作中他也受益匪浅。

聪明的人，在自我教育上绝不会计较成本。因为他知道在教育理财方面投资的重要性。投资于自我教育，就是在为以后的成功奠定基础。

毋庸置疑，优秀的教育定能帮助人成功，然而自我教育不可能一蹴而就，需要终身投入。观古今中外，卓越的人往往都不会对自我现状满足，他们时刻鞭挞自己不断地学习。因为他们知道："今日的投资是美好明天的基础。"因此，教育理财是有必要的。

007 健康——巩固身体根基的赚钱法

健康是革命的本钱，只有身体健康，其他的才有存在的价值，反之，一切都将没有任何意义。因此，在自己的理财计划中，要记住将健康理财加上。

身体保健、健身运动和健康保险是健康理财的三方面。

1. 身体保健理财

身体健康对任何人都很重要。为保持身体健康，身体保健理财可以从以下两个方面进行，如图 1-1 所示。

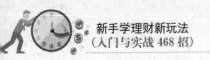

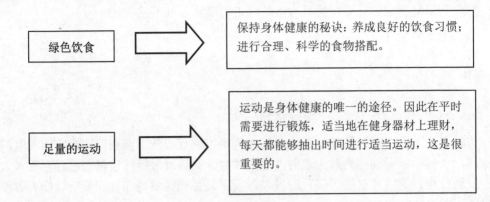

| 绿色饮食 | → | 保持身体健康的秘诀：养成良好的饮食习惯；进行合理、科学的食物搭配。 |

| 足量的运动 | → | 运动是身体健康的唯一的途径。因此在平时需要进行锻炼，适当地在健身器材上理财，每天都能够抽出时间进行适当运动，这是很重要的。 |

图 1-1　身体保健理财的方法

2．健身运动理财

大多数中年人都有这样的感受："人过三十天过午。"中年期一过，精力就没有以前充沛，医学上这么解释：在中年期后，身体的全部机能逐渐由盛转衰，身体里的各种组织器官也没有以前那么协调了。这是正常的人体规律，不会因人而变，而运动对延缓衰老有帮助，因而我们应该做好健身运动理财。

专家建议，中年人可以做些类似健美操、太极拳、跑步、乒乓球、游泳等健身运动。这些运动能很好地锻炼心、肺功能和心血管系统，当然还有神经系统。

3．健康保险理财

健康保险定义是：保险有效期间，参保人因疾病没有能力进行正常的工作，或因疾病而致伤亡由承担风险一方支付参保人保险金的商业行为。

日益加快的工作节奏，不断更新的生活方式，再加上严重的环境污染，所导致的不治之症层出不穷，高昂的医疗费用往往能把一般家庭逼入绝境。因而，更多人开始关注健康保险理财。健康保险理财逐渐成为个人和家庭的一项重要的理财参与方式，他们参与健康保险理财就是为了降低日常生活中突如其来的风险。

008　竭泽而渔型

竭泽而渔型是指一些工作上兢兢业业，而且不注重眼前享受的人群，这类人群的主要特点如下：

(1)　所赚的钱超过生活所需，拥有不少存款。

(2)　总想着现在多赚钱，改善将来的生活品质。

(3)　在青春时期过于苛求自己、不懂得享受生活。

理财建议：虽然注重退休后的生活品质没错，但在年轻时理财也不能过于保守，可以投资于一些收益较为稳定的基金和股票，或者购买养老保险，达到个人收益最大化。

1.3 已有法宝：定位自己的理财类型

不同人群的理财风格往往决定着他们未来的生活质量。有规划的人在晚年时积蓄充裕，生活质量优越；无规划的人在中年时就难免陷入财务危机，导致入不敷出。所以提早进行理财风格的分类，找到家庭理财的最终目标，并有效地改善收支结构，是人们保证未来生活质量的首要任务。

009 退而补网型

退而补网型是指注重眼前享受，对目前享受的追求，远大于对未来的期望，对未来考虑甚少，有时甚至借钱及时行乐。持这种价值观，赚多少花多少，正所谓"今朝有酒今朝醉"，因而社会上就出现了无数的"月光族""啃老族"。

理财建议：注意在及时享乐的同时，不要忘记了老有所养，要有一定的储蓄投资计划及保险计划，以便能够在晚年做到财务独立。

010 预支消费型

预支消费型是指为了拥有房子，不惜节衣缩食，甚至高额负债，其收入扣除房贷后所剩无几，严重影响生活质量。电视剧《蜗居》引起热议，反映了人们对"高房价"和"腐败"的痛恨。两个从名牌大学毕业多年留在大城市的"新××人"，不在房价还没高到离谱时，运用资金杠杆贷款买房，而等到房价飙升到高不可攀时，执拗于"拥有自己的房子"，却对相对于房价低得可怜的租金成本视而不见，演绎出让人唏嘘的情节。

理财建议：当购房目标耗费了太多资源时，必将影响其他目标的实现以及生活水平的提高。因此，在理财过程中，要充分考虑自己的收入水平和还贷能力，如果购房也要注意购买房屋保险。

011 可持续型

可持续型是指一切为儿女着想，最重要目标是把财产尽可能多地留给子女，而牺牲目前及未来的享受，完成"孝子"(孝敬子女)的壮举，由于对儿女成长、教育投资太多，留下不多的退休金，很可能影响未来生活水准。

理财建议：在以子女为理财目标的同时，也要考虑自己，对于花费较大的子女教育或生活项目上要做好长期准备，适当地投资一些中长期收益比较稳定的金融产品。

1.4 财务自由，你该如何来实现

俗话说："穷不扎根，富不过三代。"不管是穷人还是富人，每个人的一生都会遇到许多难题，因此都需要通过理财来解决许多生活中存在的困难。那么，对于一个普通人来说，该如何通过理财来获取财务自由呢？

012 目标制定

有人说过："梦想有多大，舞台就有多大。"一个具有明确生活目标和思想目标的人，毫无疑问会比一个根本没有目标的人更有钱。对于每个人来说，知道自己想要什么，并且明白自己能做什么，是向有钱人迈进的第一步。所以，理财之前，先确立人生目标。例如，买车、购房、偿付债务、退休储蓄以及教育储蓄等，这些都可以当作人生目标，需要从具体的时间、金额和对目标的描述等来定性和定量地厘清人生的目标。

古人说："知道目标是成功的一半。"这句话特别适用于理财领域，因为大多数年轻人对于理财，既不清楚要做什么，也不知道要达到一个什么目标。有的人或许认为设定详细的目标是不必要的和没有创造性的；另一些人则认为最容易的是"跟着别人走"等。其实，管理个人财务问题，没有一个周密设定的目标就像驾驶一辆不知驶向何处的汽车，永远也达不到目的地。

普通人制定人生理财目标可以从以下三个方面做起。

(1) 学会设定个人理财目标。

(2) 能够区别理财愿望与目标之间的差异。

(3) 学习实现理财目标的设计工作。

013 自我剖析

有了人生目标后，还需要了解自己处于人生何种理财阶段。不同理财阶段的生活重心和所重视的层面都是不同的，因此理财目标也会有所差异。人生阶段大致可以分为幼儿期、少年成长期、青年单身期、家庭形成期、子女教育期、家庭成熟期、退休养老期。理财要结合自身的情况，找到适合自己的理财金钥匙，设定与人生各阶段的需求相配合的理财目标，才能开启属于自己的财富之门。

014 预定风险

投资者在做投资决定之前，要想到自己希望博取多大的收益，同时也要清楚自己能够承受多大的风险。风险承受能力可分为保守型、中庸偏保守型、中庸型、中庸偏进取型以及进取型。根据自己的实际情况进行判断，自己属于哪一类型的投资者，做到对自己的风险承受能力心中有数。

例如，有的投资者喜欢投资高风险产品，如果没有投资股票就好像没有投资，这就是进取型的典型代表；有的投资者强调要保本，虽然也希望获取更高的收益，但是如果赔本就无法接受，这就是保守型的典型代表。投资者一定要了解自己的风险偏好，之后再选择市场。

015　学会理财

俗话说："吃不穷、穿不穷，算计不到就受穷。"怎样理财，怎样理好财，是每个人都应关心的话题。下面四招可以让普通人快速学会理财。

(1) 预算开支。理财的根本在于有财可理，首先必须要聚集财富，因此必须做好强制性的开支预算，在收入的范围内计划好支出，使每月都能有所结余。

(2) 强制储蓄。可以到银行开立一个零存整取的账户，每月强制性地存入一定的金额。另外，要慎用信用卡，避免透支成"负翁"。

(3) 学会记账。记账是为了提升自己对金钱的控制力，也是最简单的经济学和会计学理论的实际应用，最终得益的是自己。通过记账可以节约资金，把有限的钱用在刀刃上。好的记账习惯，虽然不是致富的工具，但能培养健全的理财观念，对于人的未来，跟人的饮食习惯一样，是有益于他一辈子的。

(4) 学会投资。可以合理地分配自己的储蓄、股票、债券、基金、保险以及不动产等各种金融产品，最大限度地获得资产的保障和增值。

016　提升理财能力

理财能力对于每一个现代人来说都是必不可少的生存技能之一，理财能力表现在多方面，生活中需要理财能力发挥作用，工作中同样需要理财能力发挥作用，还可以使投资者在当前市场情况下抢占先机。那么，该如何提升自己的理财能力呢？投资者可以从以下五个方面进行提升。

(1) 加强理论学习。主动学习理财品种相关的业务知识、掌握理财品种的基本特点，厘清各项经济、金融政策与理财产品的关系。

(2) 掌握市场信息。要养成主动关心时事、关心政治、关注新闻的习惯，以获取各种市场的信息动态。

(3) 思考市场规律。对各类经济事件要善于进行独立思考，要掌握一些政治、经济事件对投资产品的影响规律。

(4) 积累总结经验。要不断总结、积累投资经验，并且保持良好的心态，逐步形成自己稳健的理财风格。

(5) 做好理财计划。认真做好理财计划，设定好盈利预期和止损目标，这样才能"积小胜为大赢"。

017　锻炼能力

生活中常有这样的现象：有的人智商很高、聪明绝顶、才高八斗，有的人情商很高、左右逢源、八面玲珑，但他们时常入不敷出、捉襟见肘，不时债务缠身，经济情况紧张。即使出生于富贵家庭，但任性挥霍，最终千金散尽。究其原因，是因为他们有智商或情商，但缺乏财商。财商(Financial Quotient)是指一个人在财务方面的智力，是理财的智慧。财商与智商的不同之处在于，财商可以通过一定的学习和锻炼得到很大的提高，具备财商的人必须具有一定的财务知识、投资知识、资产负债管理和风险管理知识。当然提高财商也不是一件容易的事情，需要坚持不懈地学习，寻找适合自己的方法，并进行实践投资活动。

提高财商的主要方法如下。

(1) 进行系统的学习。学习金融知识不一定要上大学，在家里轻松看电视、阅读书籍、报纸、杂志，或上网浏览专业网站也可以补充这方面的知识，还可以向有理财知识的朋友请教，或参加一些理财方面的活动。

(2) 检查财务健康程度。可将收支情况以流水账的形式按时逐笔记载，月末结算，年度总结，这样可以非常准确地检查出收支是否健康，消费有没有存在误区，能够直接提高记账人的财商。

(3) 制定理财规划并实践。制定一套完善的理财规划，并积极参与到投资理财的实践中去，在实践中提高财商比任何"模拟"的学习效果都要好。当然，刚刚开始进行投资理财时，最好启用闲置资金，投资一些风险比较低的理财产品，或在专家的指导下投资自己能够承担其风险的理财产品。

018　持之以恒

大多数富人，他们巨大的财富，最初都是由小钱经过较长时间累积起来的。因此，时间在投资理财中是非常重要的，耐心是理财必备的条件，只有耐心地熬过长时间的等待，创造财富的力量才会越来越大。某位投资名人说过："潮水不可能永久涨，总有退的一天。巴菲特的经验就在于他能在潮涨时耐心等待，寻找合适的价格入市。"因此，长期的耐心等待，是投资理财致富的先决条件。

很多人老是想用最少的钱获取更大的收益，赌博的心态比较强，实际上这恰恰违反了所有金融工具运作的基本原理。尤其是年轻人，有的是时间，而缺的则是耐心，所以对年轻人最关键的两个字就是——耐心。

019　活用金钱技巧

金钱的多少往往不是最重要的，关键是要活用金钱。活用金钱就是使金钱发挥它应有的价值。下面介绍四种活用金钱的技巧。

(1) 只花对的钱。每个人花钱都有目的，因此，钱虽然已不属于自己所有，但如果能得到比它更有价值的东西，这样才是花对了钱。

(2) 少花等于多赚。如果现在的收入较低，则只能从支出上节约资金，这也是一种很有效地增加收入的方式。

(3) 必需的开支不能省。不该花的钱尽量不要花，但必须花的钱绝不能吝啬。若为了不必要的事情花钱，而在有正当用途时却拿不出钱，这才是最丢面子、最尴尬的事。

(4) 花钱也要看时机。要善于在经济景气时去赚钱，等到通货紧缩时则去投资。只要能把握大势，抓住时机，将钱投资出去，自然就能使金钱增长起来。

1.5　你是单次收入还是多次收入

一个人的收入直接决定着他的生活质量、财务是否自由。那么，收入的方式到底有几种？你目前的收入状况又是处于何种状态呢？

020　单次收入的危机

你每小时的工作能得到几次金钱给付？如果你的答案是只有一次，那么你的收入来源就属于单次收入。最典型的就是工薪族，工作一天就有一天收入，不工作就没有。自由职业者也是一样，比如出租车司机，出车就有收入，不出车就没有；演员，听起来不错，但也是有演出就有收入，不演出就没有。这些收入都叫单次收入。

021　非单次收入盈余

多种收入来源是社会发展的必然。在 20 世纪 70 年代，一个家庭需要几个收入来源才足以维生？一个就够了。现在，很多家庭都有两个收入来源，如，一份是固定工资，另一份是房屋出租的租金收入。如果没有两个以上的收入来源，很少有家庭还能生活得非常安逸。而未来，即使有两个收入来源可能也不足以维持了。聪明的您，应该想办法让自己尽量拥有多种收入来源。

富有的人很早就知道这个概念。如果其中一个收入来源出了问题，他们还可能有其他的收入来源来维持原来的生活水平。

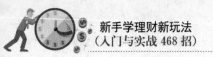
022　可持续性收入

可持续性收入是一种循环性的收入，它是在个人创业初期需要努力和付出才能获得，当事业发展到一定阶段后，不管你在不在场、有没有进行工作，都会有金钱持续流进你口袋里的收入来源。即使有一天你不做了，还会有一套制度来保障你，可以凭借以前的付出而继续获得稳定的经济回报。

1.6　规划十策，富贵保障

很多人认为理财就是单纯地理钱，其实并不是这样，理财是对自己一生的财富进行规划，所以理财规划在理财的道路上显得非常重要，一定要考虑周全。那么，理财规划都应该包括哪些内容呢？

023　职业分析

职业规划是一件大事，它决定了人一生的事业走向，同时也关联相应的生活方式。职业规划发生在职业选择之前，同时也发生在职业发展的过程中，规划、调整、再规划是一条必经之路。职业规划需分析以下四个方面。

(1) 自我分析。分析自己的兴趣、能力、个人特质以及职业价值观等因素。

(2) 环境分析。分析自己所处的家庭、学校、社会以及职业环境等因素。

(3) 职业分析。分析自己的职业目标、发展策略、发展路径。

(4) 计划实施。制订出大学期间的学习计划、毕业 3 年后的计划、毕业 5 年后的计划等。

同时，进行职业规划时还需要注意以下事项：不要高估自己的能力；不要低估职业风险；不要轻易放弃，坚持是职业发展的一把金钥匙；不要闭门造车，寻找合适的帮助是一条不错的捷径；不要以索取为职业目标，一分付出一分收获是职场的"游戏规则"。

024　理性消费规划

进行消费和储蓄规划时，首先要决定每年的收入多少用于消费、多少用于储蓄，以避免成为赚得多、剩得少的"月光族"。可以通过编制资产负债表、年度收支表和预算表进行消费和储蓄规划，同时还必须掌握以下原则。

(1) 先储蓄、后消费。在每个月领取薪水以后，将薪资中至少 30%先存起来，用于定期储蓄或定投基金。随着时间的推移，你将会变得越来越富有。

(2) 坚持记账，控制钱的流向。将收入和支出的金额以流水账的形式逐笔记录，并且每月以及每年都进行适当的总结。

(3) 控制支出，培养良好的消费习惯。每个月对日常消费如衣服、食品、住房、交通、通信以及休闲等各项开支都有明确的预算金额，并且将每个开支项控制在预算范围之内。

(4) 未雨绸缪，规划未来。例如，婚后的生活，需要面对人生很多重大事件，因此需要对自己的财务进行整体规划。

025　理财规划

当投资者手中的储蓄不断增加的时候，最迫切的就是寻找一种投资组合，能够使收益性、安全性和流动性三者兼得。

投资一般可以分为实物投资和金融投资两大类。

(1) 实物投资：一般包括对有形资产，例如土地、机器以及厂房等的投资。

(2) 金融投资：包括对各种金融工具，例如股票、固定收益证券、金融信托、基金产品、黄金、外汇和金融衍生品等的投资。

在准备投资之前，要根据自己的风险承受能力，将资金分成若干个部分，如稳健型投资、积极型投资、保守型投资等，让自己的财富在保证风险的前提下最大限度地发挥其增值作用。

026　生活规划

"衣食住行"是人生活的四大基本内容，其中"住"是让现代人最头痛的事情。如果居住规划不合理，会让自己深陷债务危机和财务危机当中。居住对于普通人来讲，是投入最大、周期最长的一项投资。房子能给人一种稳定的感觉，让人感觉在社会上有一个属于自己的家。通常情况下，居住规划包括租房、买房、换房和房贷等几个方面。居住规划首先要决定以哪一种方式解决自己的住宿问题，租房与购房哪一个更符合理性，牵涉到拥有自己房产的心理效用以及对未来房价的预期，因此当同一标的物可租可售时，不同的人可能会在租购之间作出不同的选择。

027　教育理财规划

"再穷也不能穷教育"，家长大多花掉毕生心血也要给孩子最好的教育。据统计，从孩子出生到大学毕业，所有消费基本在 40 万元至 50 万元之间(不包括出国费用)。教育投资规划实际是通过提前投资，为将来教育费用提前积累资金的一种方式。最好在孩子出生前，就准备一定数量的专项教育款项，因这类规划是硬性的规划，实施过程中宜以稳健投资为主。

　　根据社会发展和教育进步的需要，在确立教育发展总目标的同时，还要对教育发展的子目标以及相关因素进行必要地划分和分析，以此为基础提出实现规划目标的合理方法和途径。在一般情况下，受过良好教育者，无论在收入还是在地位上，确实高于没有受过良好教育的同龄人。因此，教育规划是个人财务规划中最具回报价值的一种，它几乎没有任何负面效应。

028　保险理财规划

　　人的一生中，风险无处不在，应通过风险管理与保险规划，将意外事件带来的损失降到最低，更好地规避风险，保障生活。

　　保险是一种保障手段，是个人资产的重要组成部分。无论何种人随着事业的成功，将拥有越来越多的固定资产，此时需要财产保险和个人信用保险；为了子女在你离开后仍能生活得幸福，需要人寿保险；为了避免因疾病和其他意外伤害减少你的积蓄，则需要医疗保险。办理保险的顺序：先大人，后孩子；先意外、医疗、重大疾病，然后是教育金、养老金、理财避税。

029　税务理财规划

　　所得税是政府对个人成果的分享，在合法的基础上，完全可以通过调整自己的行为达到合法避税的目的。履行纳税这个法定义务的同时，纳税人往往希望将自己的税务减到最小。合法避税是指在尊重税法、依法纳税的前提下，纳税人采取适当的手段对纳税义务进行规避，减少税务上的支出。可以通过对纳税主体的经营、投资、理财等经济活动的事先筹划和安排，充分利用税法提供的优惠和差别待遇，适当减少或延缓税费支出。

　　当然，避税也不排除利用税法上的某些漏洞或含糊之处来安排自己的经济活动，以减少自己所承担的纳税金额。

030　债务规划

　　债务是指债权人向债务人提供资金，以获得利息及债务人承诺在未来某一约定日期偿还这些资金。投资者对债务必须加以管理，将其控制在一个适当的水平上，并且尽可能降低债务成本，其中要重点注意的是信用卡透支消费。

031　退休理财规划

　　随着人们生活质量以及医疗水平进一步的提高使人寿命延长，因此养老问题迫在眉睫。但多数人都是在 60 多岁的时候退休，那么停止工作之后的 20 年、30 年，甚至是 40 年该怎么办？

退休后收入急剧减少，甚至没有，只能靠以前的积蓄来维持。因此，需制订退休养老规划，保证自己在将来有一个自立、尊严、高品质的退休生活。退休规划主要包括退休后的消费和其他需求及如何在不工作的情况下满足这些需求。光靠社会养老保险是不够的，必须在有工作能力时积累一笔退休基金作为补充。因此，要提早规划个人养老，确保晚年的生活质量。

032 遗产理财规划

我国遗产纠纷日渐增多，源于富人及一般民众遗产规划的普遍缺失，中老年"有产一族"基本上都不会主动咨询遗产规划事宜。遗产规划作为个人财务规划的一个重要的组成部分，已经越来越受到重视。

进行遗产规划时必须遵循以下两个原则。

(1) 合理分配，减少不必要的开支。应尽量减少资产分配与传承过程中发生的支出，对资产进行合理地分配，以满足各家庭成员在家庭发展的不同阶段产生的各种需要。

(2) 保证家庭财产的世代相传。要选择遗产管理工具和制订遗产分配方案，确保在去世或丧失行为能力时能够实现家庭财产的世代相传。遗产规划的主要目的是使人们在将财产留给继承人时的纳税降低，主要内容是制订一份适当的遗嘱和一整套避税措施，比如提前将一部分财产作为礼物赠予继承人。遗产规划不仅仅是立遗嘱那么简单，还包括对个人名下财产和公司财产的划分、确立执行人、财产保值增值和资产变现等。

第 2 章

理财解密：理财前摸底大调查

学前提示

为了在理财中盈利最大化，十分有必要对个人的状况作出全面的透析。无论是你的个人收入，还是已有的理财产品，都需要一一做个全方位"体检"。这样你才能为理财尽可能提供最好的保障。

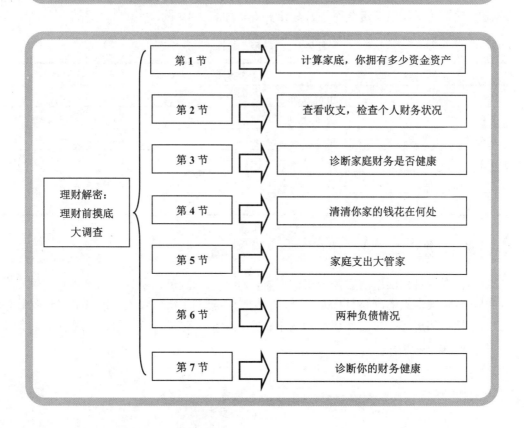

理财解密：理财前摸底大调查

第 1 节	计算家底，你拥有多少资金资产
第 2 节	查看收支，检查个人财务状况
第 3 节	诊断家庭财务是否健康
第 4 节	清清你家的钱花在何处
第 5 节	家庭支出大管家
第 6 节	两种负债情况
第 7 节	诊断你的财务健康

2.1 计算家底，你拥有多少资金资产

对于你的财产，你了解多少？相信很多人连自己的钱都不能做到心中有数，这样又怎能奢求它会带来无尽的财富呢？因此清点财产是必要的。

033 金融资本

金融资本主要包括现金和银行存款，货币市场基金按原值计价，利息收益作为当年的收入。金融资产(生息资产)是指那些能够带来收益或是在退休后将要消费的资产，主要包括手中的现金、金融机构的存款、养老金的现金价值及股票、债券、基金、期权、期货、贵金属投资、直接的商业投资等。金融资产是理财规划中最重要的一部分，因为它们是财务目标的来源。除了保险和居住的房产外，大多数的个人理财就是针对这些资产的，也可以把直接的商业投资单独列为一类，即经营资产。

除现金及现金等价物外，能够带来未来增值收益的金融资产，包括股票、债券、基金、期权、保险以及贵金属等，其计算方法如表 2-1 所示。

表 2-1　金融资产的计算方法

资产类型	计算方法	计算结果
债券	市价或面额	
股票	数量×股票价格	
基金	单位数×基金净值	
保单	费用型保单：不计入	
收入型保单	计入，现金价值	
其他金融资产		

034 实物资本

实物资本是生活中所必需使用的资本，如房子、汽车、家具、家电等。实物资产的积累也是很多人的理财目标之一，尽管它们不会产生增值收入，但它们可以保障消费，包括自住房产、投资性房产、汽车、家具家电、珠宝、有价值的收藏品等，其计算方法如表 2-2 所示。

表 2-2　实物资产的计算方法

资产类型	计算方法	计算结果
住房	买价，最近估价	
汽车	最近估价−损耗	
其他自用资产	最近估价	

035　贵重资本

贵重资本不是生活中所必需的，这一类资产大部分属于高档消费品，主要包括珠宝、度假的房产或别墅、有价值的收藏品等。奢侈资产与个人使用资产的主要区别在于变卖时奢侈资产的价值更高。如表 2-3 所示，为贵重资本的计算方法。

表 2-3　贵重资金的计算方法

资产类型	进一步细分科目	计算结果
珠宝现值	珠宝种类/细目/数量/成本/市价	
度假别墅现值	坐落地点/面积/买入日期/成本/市价	
收藏品现值	收藏品种类/细目/数量/成本/市价	
其他奢侈资产现值	种类/细目/数量/成本/市价	

036　债权资本

债权资本主要是指对外享有债权，能够凭此要求债务人提供金钱和服务的资产。债权资产的具体形式主要包括下面三种。

(1)　各种存款和贷款活动中，以转让货币使用权的形式形成的债权资产。

(2)　各种商品交换中，以转让商品所有权的形式形成的债权资产。

(3)　其他经济活动中所形成的债权资产。

债权不是财产，而是财产权，是一种权利，是债权人的一种资格、自由、能力。确切地说是债权人要求债务人必须给付其一定财产的资格、自由或者能力。

037　资本负债

资本负债根据时间的长短，可以分为长期负债和短期负债。

(1)　短期负债：指一年之内应偿还的债务，主要包括信用卡、电话费、电费、水票、煤气费、修理费用、租金、房产税、所得税、保险金等。

(2)　长期负债：一般指一年以上要偿还的债务。具体来说，这些债务包括贷款、

所欠税款以及个人债务等。其中最为典型的是各类个人消费借贷款和质押贷款。资产长期负债的主要科目如表 2-4 所示。

表 2-4　资产长期负债的主要科目

主要科目	进一步细分科目	负债金额
信用卡应付款	发卡银行/当期应缴款/期限/循环信用余额	
汽车贷款	贷款期限/贷款额/利率/每期应缴额/贷款余额	
按揭贷款	贷款期限/贷款额/利率/每期应缴额/贷款余额	
股票质押贷款	股票名称/股数/贷款时价格/贷款额/质借余额	
股票融资融券	股票名称/股数/融资时价格/融资额/融资余额	

2.2　查看收支，检查个人财务状况

要想做个富人，就要一切向富人看齐。在富人的理财观里，第一项就是财务要独立。如果连财务都不能独立，那么就不要提什么致富了。没有一个稳固的经济基础，又怎么可能一步步实现自己的梦想、建立起自己的财富王国呢？

038　了解个人情况

当你的财务独立后，就需要厘清自己的个人基本情况，比如个人的年龄，从事的职业，身体的健康状况，有哪些家庭成员，以及家庭成员的年龄、职业、健康状况等。如表 2-5 所示为个人基本情况表。

表 2-5　个人基本情况表

姓名			职业		
年龄			健康状况		
主要家庭成员及社会关系	关系	姓名	年龄	职业	健康状况

039　个人财务摸底

摸底财务状况可以深入了解自己的财产内容，及时合理地计量，有利于正确了解个人的资产状况，对正确设定理财目标、选择合适的投资组合、合理安排收入支出比

例及资产的保值增值途径有十分重要的意义。

厘清财务状况的主要内容包括本人和家庭成员的收入、生活支出和各项费用如何？生活水平如何？生活中有没有负债？有没有潜在的金钱隐患？用了多少钱去进行风险投资？是否有相当于至少两个月生活费的备用资金？可以将答案写在纸上，再自我评估一下，看看是否对自己的答案满意。如果你收入稳定，没有债务和金钱隐患，且家庭成员都身体健康，没有过多的风险投资，则可以说财务总体上是健康的。

040 摸清资产负债情况

一个人的负债比率如果过高，则会增加财务负担，一旦收入不稳定时则会造成无法还本付息的风险。总负债由自用资产负债、投资负债和消费负债三大部分组成，因此需要考虑总负债中各种负债组合的比重以及市场形势，判断自己的财务风险，并及时进行弥补。

041 知晓可自用财富

知道资产负债情况后，用总资产减去总负债额度就得到了现在所拥有的净资产。

(1) 如果净资产小于 0，则说明目前的财务状况已资不抵债，已经陷入了严重的财务危机。

(2) 如果净资产大于 0，则说明目前的资产还处于资超过债的状态。但是如果净资产数字较小的话，则财务随时都可能出现问题，因此需要尽快采取措施改变目前的财务状况。

042 罗列生活开支清单

日常的收入项目主要包括工资收入、投资股票、基金等金融产品获得的收入以及存款的利息收入等。可以将日常的收入情况记录在表 2-6 中。

表 2-6　每月收入状况

	月份	月	月	月	月	月
	项目	金额	金额	金额	金额	金额
薪资	本人工资					
	配偶工资					
	年终奖金					
	红利/奖金					
	其他收入					

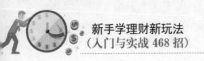

续表

月份		月	月	月	月	月
项目		金额	金额	金额	金额	金额
利息	存款利息					
	股票股利					
	债券利息					
	其他					
其他	租金收入					
	资本利得					
	其他					
总收入						

同时也可以将你的支出情况一一列出来，记录在表 2-7 中。

表 2-7　每月支出状况

月份		月	月	月	月	月
项目		金额	金额	金额	金额	金额
衣	服饰					
	美发美容					
	干洗修补					
	其他					
食	餐饮费					
住	水电煤气					
	电话费					
	管理费					
	日用品					
	公积金					
行	交通费					
	油费					
	停车费					
	其他					
税	所得税					
	利息税					
	发票税					
	营业税					

续表

月份	项目	月 金额	月 金额	月 金额	月 金额	月 金额
保险	商业保险					
	社会保险					
	其他					
休闲	旅游娱乐					
	交际费					
	其他					
子女教育	学杂费					
	补习费					
	服装费					
	其他					
其他	医疗费					
	客户服务费					
	其他					
总支出						

043 知晓个人盈余状况

根据上面表格，就可以计算出自己的现金盈余状况。

(1) 如果现金盈余是负数或者是 0，则说明日常花费支出相对比较大，没有什么积蓄可供支配，如果任其发展，现金将"入不敷出"。

(2) 如果现金盈余大于 0，则表示目前的财务处于现金结余的良好状态，可以将其好好地利用和管理。

2.3 诊断家庭财务是否健康

在厘清了家庭的资产和负债状况后，即可诊断家庭的财务状况，帮助您了解自己有多少财可理，有多少债还没有还，对未来的收入和开支预先做好规划。

044 诊断资产结构

每个家庭可能都会面临资产结构配置的问题。那么，作为以实现完全的财富自由为目标的投资者，必须正确诊断家庭资产的结构。

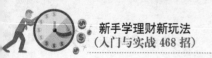
(1) 金融资产比率=金融资产÷总资产。金融市场的波动一般较大，因此若家庭的金融资产比率较大，则总资产的起伏也将比较大。一个家庭的金融资产一般是由一系列风险收益情况各异的金融资产组合构成，可以通过分析其中的各类投资风险来考察家庭财务的风险状况。

(2) 实物资产比率=实物资产÷总资产。实物资产以提供使用价值为主要目的，一般家庭未购房前此比例较低。在购房后贷款未缴清前，多数家庭均将积蓄用来偿还贷款，以至于无法累积金融资产，因此此时实物资产比率一般在七八成以上。

(3) 奢侈资产比率=奢侈资产÷总资产。奢侈资产比率的大小可以在一定程度上反映家庭的收入状况，例如，富有家庭奢侈资产要比普通工薪家庭多。

045 诊断负债状况

负债比率=家庭总负债÷家庭总资产

一个家庭的负债比率如果过高，则会增加财务负担，一旦收入不稳定时，有可能造成无法还本付息的风险。家庭总负债由自用资产负债、投资负债和消费负债三大部分组成，因此家庭需要考虑总负债中各种负债组合的比重以及市场形势，判断家庭的财务风险，并及时进行弥补。

046 诊断开支百分比

家庭支出比率=家庭总支出÷家庭总收入

家庭消费比率=家庭消费支出÷家庭总收入

家庭的消费支出是指家庭用于生活消费的全部支出，包括购买商品支出以及享受文化服务和生活服务等非商品支出。随着家庭收入的增加，消费率指标也会逐步减小，即符合经济学中所说的边际消费率递减规律。

047 诊断弹性财产

自由储蓄额=家庭总储蓄额-计划用于投资的储蓄

自由储蓄率=自由储蓄额÷家庭总收入

财务弹性是指家庭动用闲置资金和剩余负债能力，应对可能发生的或无法预见的紧急情况，以及把握未来投资机会的能力。自由储蓄率越高，则家庭的财务弹性越大，家庭筹资对内外环境的反应能力、适应程度及调整的余地也越多，通常以 10%作为自由储蓄率的下限。

048 诊断流动性比率

生活中除了日常开支，其他大部分的资金供给，例如现金、存款、股票、基金、债券等变现能力比较强的资产，都属于流动性资产，因此家庭资产的流动性比率不能太低。资产的流动性是指资产在未来可能发生价值损失时迅速变现的能力。

流动性比率的计算公式如下：

$$流动性比率=流动性资产(包括现金或现金等价物)÷家庭每月支出$$

该比率越高，说明家庭资产的流动性越强。该指标的理想值通常为 3～6，处于该范围时，说明家庭在紧急情况下，有能力应付 3～6 个月的日常开支。

049　诊断储蓄的比率

储蓄可能用于将来退休后的开支，也可能作其他用途。储蓄比率如果过低，则不利分散风险。储蓄比率是家庭用作储蓄的那部分收入在总收入中所占的份额，可以从一定方面反映家庭财务是否稳定。

其计算公式为

$$储蓄比率=家庭每月储蓄额÷家庭每月收入总额$$

例如，家庭计划两年内实现环球旅游的目标，费用共计 30 万元左右，那么储蓄水平应高于一般水平。因此，增加储蓄对于年轻家庭来说是一项重要的任务，建议参加工作不到 3 年的人，每月发了工资应至少将三分之一存起来。

050　诊断资产负债情况

资产负债比率是指一定时期内，家庭流动负债和长期负债与家庭总资产的比率，用以反映家庭总资产中借债筹资的比重，可以用来衡量家庭的综合还债能力。

其计算公式为：

$$资产负债比率=家庭负债总数÷家庭资产总额$$

一般情况下，家庭资产负债率在 0.7 以下属于安全状态。当家庭总资产中的负债比率过高，每个月为此付出的利息费用就会相应地上升，直接影响到每个月的现金流出量。过高的负债还会在家庭财务发生紧急情况的时候(例如失业、较大额度的医疗费用支出)，给家庭带来很大负担，甚至造成家庭财务的"资不抵债"。

2.4　清清你家的钱花在何处

家庭支出包括吃、穿、住、行、用、医疗等生活必需支出，还包括捐赠、兴趣爱好花费等随机支出以及投资费用、保险费等理财支出。

051　计算固定消费

固定消费是在一定时期内金额固定不变且必须花费的支出，可当作是最低生活成

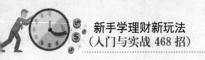

本，只有在扣除这部分开支之后，我们手中余下的收入，才是真正可随意支配的，如表 2-8 所示为普通家庭固定开支统计。

表 2-8　家庭固定开支统计表

本月的固定支出		
项　目	金　额	支付日期
电费		
煤气费		
水费		
固定电话费		
移动电话费		
书报费		
邮费		
房费		
互联网费		
保险		
定期存款		
长期贷款		
信用卡		
应纳税		
零用钱		
活期存款		
固定支出合计		

本月其他生活费

项　目	购入金额
食品费用合计	
日常用品合计	
教育、培训费	
其他费用合计	
生活费合计	

　　读者可根据自己家庭的具体情况调整表格项目，计算出每个月固定支出的合计金额，然后将合计数乘以 12，即可算出一年的固定支出总额。

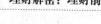

052　计算非固定消费

非固定消费是指一定时期内必须用，但使用金额并不固定的费用，如购书、聚餐等文化娱乐开支；健身、医药等医疗保健开支；购买日常衣物、购买零食等费用开支，这些费用可根据家庭收入适当安排。

053　计算阶段性消费

阶段性消费是指如换季衣服、婴儿疫苗费、子女学费以及老人赡养费等费用。一般情况下，一些费用并非每月都会出现，但在某一阶段时却需要花费的开支。

054　计算随机性消费

除了上述开支外，还包括随机性开支，如"人情费"、购置高档家用电器、珠宝首饰等。这种开支通常不在计划内，并非是必需的费用。由于人们常根据家庭情况随意消费，不知不觉中就可能使用了过多的金钱，因此随机性开支也是理财中最需要规划的开支。

2.5　家庭支出大管家

在了解了家庭开支项目后，即可学习如何管理家庭开支，以避免奢侈浪费或入不敷出，其注意要点有制订预算、避免盲目花钱、避免盲目投资、不贪不攀、戒掉不良嗜好等。为了不做购物狂，不败光家庭资产，每一位家庭成员都应学会合理控制自己的消费欲望，其主要方法如下。

055　管理支出

进行开支管理最好的方法就是编制开支预算，压缩不必要的开支。家庭财务编制预算，能有效地控制家庭消费。预算一旦编好后，家庭的每位成员，都知道什么钱该花，什么钱不该花，而且可以作为当月开销的准绳。家庭开支预算具有以下作用。

(1)　可以知道钱是怎样花去的。

(2)　随时都能知道自己有没有浪费金钱。

(3)　有足够的现金结账账单，避免入不敷出。

(4)　定下购物的先后次序，把钱花在必须买的东西上。

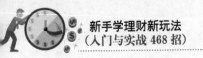
056 详细记账

现实生活中很多家庭往往是该花的钱也花，不该花的钱也花，能少花的钱多花，结果造成支出浪费。通过记账了解花费的钱究竟流向何处，开始实行时往往有点困难，可以把账目记录在账簿或分成十二栏的分析纸上，一个月占一栏，全年的账目就会一目了然。如果家里有电脑，则可以在电脑通过 Excel 等软件，制作记账表格，用自动化办公手段，统计、管理家庭中的现金开支情况。如表 2-9 所示为常见的日记账表格结构。

表 2-9   家用现金日记账本

日期	备注	项目	收入	支出	余额

057 理性消费

近年来，随着信用消费越来越普遍，贷款购物逐渐成为时尚，花"明天的钱"也很流行，其在满足部分家庭消费的同时，也给某些家庭造成了沉重的债务负担。人生无常，因此坚持储蓄好处多多，是帮助家庭成员积累金钱的最有效方法。

当你在购物时，最好应记得储蓄一部分钱作为未雨绸缪时的打算。对大多数家庭的一般消费而言，则必须根据家庭经济的承受能力，坚持量入为出、略有节余、适当储蓄的原则，不能盲目地乱花"明天的钱"。

058 学习理财

家庭理财从开支的角度来讲是怎样开支科学、合理，即把钱花在刀刃上，绝非盲目地倡导勤俭节约，还应该通过各种投资来钱生钱。投资表面上看也是花钱，但却是在花钱的同时收获金钱。

2.6 两种负债情况

家庭负债包括全部家庭成员欠其他非家庭成员的所有债务，可以分为短期负债和

长期负债两大类。

059　短期负债

　　家庭的短期负债是指一个月内到期的负债，主要包括信用卡、电话费、电费、水票、煤气费、修理费用、租金、房产税、所得税、保险金、当期应支付的短期贷款等。

060　长久负债

　　家庭的长期负债是指一个月以后到期或多年内需每月支付的负债，其中最为典型的是各类个人消费借贷款和质押贷款。家庭资产长期负债的主要科目如表 2-10 所示。

表 2-10　家庭资产长期负债的主要科目

主要科目	进一步细分科目	负债金额
信用卡应付款	发卡银行/当期应缴款/期限/循环信用余额	
汽车贷款	贷款期限/贷款额/利率/每期应缴额/贷款余额	
按揭贷款	贷款期限/贷款额/利率/每期应缴额/贷款余额	
股票质押贷款	股票名称/股数/贷款时价格/贷款额/质借余额	
股票融资融券	股票名称/股数/融资时价格/融资额/融资余额	
其他负债科目		

2.7　诊断你的财务健康

　　你的财务状况健康吗？一个处于亚健康的财务状况会是你迈向财务自由之路上的隐患，如果不能及早发现并消除其中的问题，它甚至会让你多年的奋斗成果毁于一旦。许多人都已经认识到身体健康的重要性，并养成了定期体检的习惯。财务健康同样关系到一个人终生的幸福，为了防患于未然也要经常坚持做财务健康诊断。

061　财务亚健康的病状

　　财富亚健康直接关系到人的生活和未来的发展，绝对不容忽视，财富亚健康具有以下四大典型“病状”。

　　(1) 被负债压得喘不过气来。高负债比率无疑会让生活质量严重下降，更可怕的情况是，遭遇金融危机有可能使收入减少而影响还债，被加收罚息直至被银行冻结或收回抵押房产。

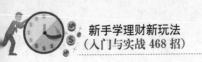
（2）盈余状况不佳。调查数据显示，盈余状况不佳多出现在年轻人群(20～30岁)，其他年龄层次则较少出现这种状况。这种亚健康状态是隐性的，如果属于收入单一群体，在工作稳定时不会有所影响，但是一旦发生意外，收入中断，其个人和家庭都很可能会因为没有资金来源而陷入瘫痪状态。

（3）不知道怎么投资。投资比例过低很难达到资产增值的目的，而比例过高则容易带来过大风险。因此，必须具有清晰的理财目标和投资比例。

（4）保障与我无关。很多人的保障资金占比低于总资产的 10%，他们普遍的特征是风险防范意识弱、退休后生活水平低，因此必须增加保障资金的比重。

062　财务亚健康的人群范围

通过对上述四种财富亚健康状态地分析，可以发现很多人的财富管理状态确实处于很混沌很初始的状态，反映到现实生活中就形成了五大具有代表性的族群。

（1）传统的存钱族：赚钱存银行，认为存钱既安全又可理财，理财观念消极。

（2）可怜的穷忙族：工作繁忙，有空赚钱，没空理财，始终无法摆脱贫穷。

（3）大手大脚的月光族：每月工资消费殆尽，毫无理财意识，因此根本没钱可理。

（4）疯狂的好高族：把理财等同于投机，追求高回报，不顾高风险。

（5）固执的抵触族：本身获取信息渠道狭窄，又不信任银行专业理财师，缺乏理财知识和方法。

这些族群中成员的财富管理状态都在不同程度上反映出财富亚健康的症状，如何正确有效地治疗这些症状是他们目前亟须解决的财富管理问题。

063　测试财务健康水平

如何判定财务已经处于"亚健康"状态呢？让我们先来做个小测试。

（1）不想评估自己目前的资产状况，或是从来都没有考虑过这个问题。

（2）房产占据了你目前所拥有资产很大的比例，甚至超过了 80%。

（3）每个月的住房按揭还款占月收入的 50% 以上。

（4）经常使用信用卡透支消费。

（5）从不会对自己目前的职业发展担心。

（6）没有购买任何偏重保障功能的保险产品。

（7）一个月的总支出占到总收入的 2/3 以上。

（8）几乎大部分的资金都用于定期和活期存款。

（9）把大部分的资金集中投资在股票或股票型基金上。

如果觉得上述的情形在实际生活中似曾相识，那么你的财务很可能已处于"亚健康"状态。统计一下与自己情况相符的选项，如果得到的结果在 4 项以下，则财务健康状况为"轻度亚健康"；4～8 项之间，为"中度亚健康"；如果超过了 8 项，那么财务状况可能为"重度亚健康"，你的财务中会不断出现隐患。

064　规避财务出现问题

财务中隐藏的问题如果不及时发现，易造成累积爆发，影响正常的生活。通过理财体检，可以有效地避免财务出现亚健康，发现日常理财过程中存在的误区与隐患，使财务始终处于安全状态，才能更好地应对危机。下面几种方法可以帮助你有效地避免财务隐患。

(1) 节流为本。为了在收入减少甚至中断时能更好地应对各种危机，"节流"是十分必要的。可以通过记账来控制自己的消费欲望，减少不必要的开销。

(2) 强制储蓄。强制储蓄是指必须进行的储蓄，不管发生什么情况，每月都要攒出一定数目的资金，这样可以有效积累财富，应付未来随时可能出现的变数。

(3) 应急备用金。一般为以后的生活准备 3～6 个月的应急备用金，是比较合理的水平。如果收入来源不稳定，随时都可能中断，则流动性资金可适当加大，预留7～9 个月的应急备用金比较合适。

(4) 保险避免"财务裸奔"。如果突然发生意外，巨额医疗费用的支出或将给财务造成沉重的负担。没有保险就等于财务上的"裸奔"，任何一个人都需要足够的保险来保护自己及财富。

(5) 调整结构，合理预期收益。进行投资理财前应先搞清自身的风险承受能力，可以适当地进行风险偏好测试，根据测试结果明确自己的投资风格和特点，选择合适的产品和投资金额。另外，还需要树立正确的理财理念，做一个长期的投资者而不是一个短期投机者。

(6) 适当开源。可以利用空闲时间静下心来好好学习，多多"充电"，为"开源"做准备。毕竟，知识是永不"缩水"的财富。

065　务必防范理财毛病

"亚健康"财务状态目前并不会对你产生多大的影响，但是这些潜在的健康隐患却是一颗"定时炸弹"，在财务内外部条件发生改变的情况下，这颗"定时炸弹"可以对财务状况产生不小的冲击。如果你已经开始理财，那么一定要注意防范理财中的错误，以免使财务出现"亚健康"。以下就是你必须要防范的三类错误。

(1) 支出错误。支出错误主要是指没有理财规划、盲目支出、不理性消费等，这些错误会让你的生活变得很糟糕。

(2) 投资错误。投资错误主要是指没有投资战略、投资过于集中、借钱投资、频繁交易、按照内部消息和可靠人士的指点行事等。

(3) 心态错误。心态错误主要是指总认为自己没空理财、只求稳定、没耐心、贪图速成等。理财不光要投入一定的精力，还要有良好的心态，否则很可能失去到手的发财机会。

066 个人财务保持独立

在通货膨胀、物价飞涨的今天，要想财务独立守住辛苦赚来的钞票可真是一件看上去不太可能完成的任务。不过，金钱和海绵中的水一样，只要肯挤总是会有的。如果你在经济上总是依赖别人，那么你的财务明显已处于一种极其危险的境地。俗话说"靠山山倒，靠人人跑"，当你依靠的"财源"离开了你，你就会变得一无所有。因此，为了财务的安全，每个人都应该努力让自己的财务保持独立。

067 财务阳光的方法

财务健康是建立安全合理的财务架构的第一步，衡量它的标准包括：收支是否平衡或有盈余，资金储备能否应付紧急需要，资产负债结构是否合理，能否满足未来可预见的开支。只有合理地安排自己的财富，谨防误入财富亚健康的陷阱，并从风险管理、子女教育、退休管理以及财富管理四个方面来着手规划，才能让财务更加健康。

(1) 做好风险管理。如果可随时支配的流动资金不足，一旦出现重大疾病或其他变故，将面临无法预计的风险。风险管理就是找出对未来财务造成重大影响的隐患，利用风险管理工具进行有效的风险控制。而保险就是帮我们转移风险的管理工具，但是保险必须要在风险来临之前购买，当你需要时再买则已经晚了。

(2) 规划子女教育。良好的教育是孩子成功人生的基础，因此为孩子准备一笔可观的教育金，也成为每个人幸福理财的重要环节。

(3) 早做退休管理。未来退休生活的品质，在很大程度上还取决于之前我们的准备。除了基本的社会养老保险外，还可以选择投资物业，然后用于出租，获取租金收入；或者选择稳健的投资工具，定期定投一笔资金，细水长流地计量养老资金。

(4) 做好财富管理：包括现金储蓄及管理、债务管理、个人风险管理、保险计划、投资组合管理、退休计划及遗产安排等内容，设计出一套全面的财务规划，以满足不同人生阶段的财务需求，达到降低风险、实现财富增值的目的。

第3章
理财智选：因人而异，因时而异

学前提示

现有理财产品的种类很多，而这些理财产品都有各自的特点。作为一个理财的初学者，不可能每种都买，当然也并不是所有的理财产品都适合你。所以，投资者需要根据自己的条件，作出选择，这样投资者才可能积累更多财富。

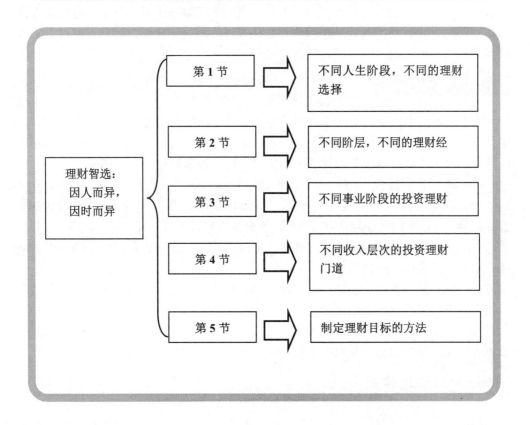

3.1 不同人生阶段，不同的理财选择

根据人生各个阶段不同的生活状况，如何在有效规避理财活动风险的同时，做好人生各个时期的理财计划呢？一般情况下，人生理财的过程要经历以下七个时期，这七个时期的理财重心各有侧重，所以一定要区别对待。

068　幼稚期理财

从刚出生到 5 岁，这是人生的第一个阶段。幼稚期会理财吗？答案显然是不会。衣食住行，包括所需，都是由父母或者监护人提供。但是，父母可以教会孩子一些简单的理财方法，例如，给孩子买个存钱罐，从小培养理财意识。

069　学习期理财

从上小学到高中，再到上大学，这是人生接受教育的阶段。此阶段的人基本上没有收入来源，所以很少有理财经历。当然，有的人可以在上学时打工，也能赚点钱，但这并不是一个持续的赚钱过程，所以也很难进行系统的理财。因此，可以学一些理财知识，为将来有收入后提供良好的理财基础。

070　未婚期理财

从学校毕业后，大部分人都进入未婚期，即参加工作至结婚这段时期，此时，需要面对恋爱、购房和结婚等人生大事，资金需求量十分大。此阶段的理财方法如下。

(1) 增加工资收入。努力寻找一份高薪工作，为理财打好经济基础。

(2) 积累投资经验。可拿出部分储蓄进行高风险投资，目的是学习投资理财经验。可将积蓄的 60%用于投资风险大、长期回报高的股票、基金等金融产品；20%选择定期储蓄；10%购买保险；10%存为活期储蓄，以备不时之需。

(3) 筹集购房首付。当通过工作或者金融投资有一定积蓄后，即可购买房屋，以备自己平时居住或作为婚房。

(4) 准备结婚资金。结婚要在短时间内花掉很大一笔钱，因此未婚期的人必须及早准备资金，解决这个随之而来的大难题。

(5) 购买人寿保险。由于此时负担较重，年轻人的保费又相对较低，可为自己买点人寿保险，减少因意外导致收入减少或负担加重。

071　成家期理财

成家期是指结婚到孩子出生前(1～5 年)，此时已经结婚，夫妻双方可共同赚钱，经济收入增加，生活趋于稳定。此阶段的理财方法如下。

(1) 合理安排家庭建设的支出。这一时期是家庭消费的高峰期，虽然经济收入有所增加，生活趋于稳定，但家庭的基本生活用品还是比较简单。为了提高生活质量，往往需要支付较大的家庭建设费用，如购买一些较高档的生活用品、每月还购房贷款等。

(2) 进行高收益的投资活动。待稍有积蓄后，可以选择一些比较激进的理财工具，如偏股型基金及股票等，以期获得更高的回报。可将积累资金的 50%投资于股票或成长型基金，35%投资于债券和保险，15%留作活期储蓄。

从整个家庭生命周期来看，这个时期的理财规划可能最为重要，以后的各个阶段只要根据家庭情况的变化对这个规划进行相应的调整即可。

072　育子期理财

育子期大约有 20 年，此时孩子的教育费用、生活费用猛涨。这一阶段的理财方法如下。

(1) 清理、偿还负债。整理自己的财务资料，列出资产负债表，了解清楚自己的财务状况，如果发现自己有短期负债，切勿胡乱做投资决定，因为短期借贷一般意味着高利率，所以建议在投资前先将短期债项还清。

(2) 积累教育基金。扣除生活必须开支，余下的钱再安排用做教育基金及财富积累。子女教育基金属于较长线的投资储蓄，选取的投资组合不宜太冒险，投资年期需配合子女升学年期。

当然，对于理财已经取得成功、积累了一定财富的人来说，完全有能力支付子女的教育和生活费用，因此可以继续发挥理财经验，发展投资事业，创造更多财富。

073　中年期理财

中年期即家庭成熟期，大约有 15 年，是指子女工作至本人退休，是人生收入高峰期。这个时期的特征是家庭成员数量随子女独立而减少，事业发展与收入通常均达到高峰期，家庭支出随家庭成员减少而降低，家庭储蓄随收入增加和支出降低而大幅增加，资产达到最高峰。此阶段的理财方法如下。

(1) 清理负债，享受生活。这个阶段由于收入较高，支出较以前相对降低，生活水平可以更高一些。另外，还需注意及时还清负债，尽量不要将负债带到退休后，这样到时可以安享晚年。

(2) 进行保险规划。孩子成人后，其保险需求会随着其新家庭的组建而变化，这时候一般可以不必再考虑孩子的保险支出，只要把夫妻二人的保险规划好即可。在险种上，以医疗健康险为主，并适当投保终身寿险和意外险。

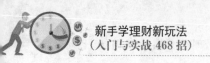
(3) 进行退休规划。退休后能领到的养老金可能根本不足以应付退休后的生活，所以只能靠自己积累，一般使用较多的退休规划金融工具有年金保险、基金定投以及股票等。

(4) 进行稳健投资。在投资比例上，要适当降低股票类的投资比重，提高债券类的投资比重；在投资种类上要重点结合退休养老问题进行投资。

074　老年期理财

老年期是指夫妻双方退休到一方去世。此阶段投资和消费都比较保守，理财原则应该是身体健康第一、财富第二，主要以稳健、安全、保值为目的。

(1) 经济状况。这一阶段收入较低，退休金、养老保险金及投资理财收入为主要收入来源，医疗保健方面的开支为主要支出方式。

(2) 保险需求。由于年龄超限，市场上可供购买的保险产品极少，这一阶段主要保险需求在于打理自己以前购买的保险产品。

(3) 投资方式。这一阶段的人群风险承受能力差，建议投资债券型基金、银行固定收益类理财产品等风险较低的金融产品。在选择投资组合比例上，可考虑储蓄和国债的比例占 85%以上，剩余部分可用于其他金融投资。

3.2　不同阶层，不同的理财经

理财是一件非常个性化的事情，每个人都会因为各自的收入不同而有不同的理财方式，如果不能根据自身的收入把握重点，不仅无法增值，反而连本金都赔进去，所以做好理财计划至关重要。

075　蓝领阶层理财

蓝领阶层的月薪通常为 3000 元左右甚至更低，下面介绍该阶层的理财方式。

(1) 积极攒钱。若已经小有积蓄，那么就以每月 15%的比例来安排自己的储蓄，即每月可拿出 450 元存入银行。若是刚刚开始工作，则需要积累一些资本，故应以 25%～30%的比例存入银行，这样才能快速积累财富。

(2) 控制消费。日常生活中很多的消费支出是不必要的，因此第一步是学会记账。首先，月初的时候应该制订好消费计划，计划做好后最重要的是执行，所以最好每天记一下生活账，可以选择用本子记账，也可以使用记账软件。

(3) 善买保险。为自己购买一定金额的人身险，要是有贵重的实物，也可以给它上个保险，对于保险的额度应该根据自身的情况而定。

(4) 慎重投资。投资有很多途径，如炒股、炒基金、炒国债以及炒房等各种投资工具。其中，基金定投被称为"懒人理财法"，比较适合工薪族。

076　白领阶层理财

月薪在 6000 元左右可以称为白领阶层，下面介绍该阶层的理财方式。

(1)　减少开支。将每月消费控制在 3000 元以内，从而提高财富积累速度。

(2)　购买保险。除了基本的社会保险外，必须拿出 15%～30% 的收入购买个人意外伤害保险或养老保险等，用于加强保障。

(3)　购房规划。成家之前的首要目标是购房，可以通过申请公积金及商业住房按揭组合贷款的方式来解决。

(4)　投资规则。每个月可拿出 1000 元左右投资于定期定额的基金产品。

077　金领阶层理财

月薪在 10000 元以上则属于金领阶层了，下面介绍该阶层的理财方式。

(1)　存款储蓄。可以每月拿出 20%～40% 的资金进行定期储蓄，为"财富高楼"打好基石。

(2)　保险保障。可根据个人情况，投入大约 10% 的资金。这是人生各个阶段都不能少的一项生活保障，所以一定要固定下来。

(3)　风险投资。由于资金相对来说比较充足，所以可以优先考虑风险投资，如股票和基金等，并以积蓄的 30%～40% 做风险投资。

(4)　保守投资。可以尝试多买些债券，收益比储蓄要高，且风险较小，可以投资大约 15% 的资金。

(5)　其他投资。自己可以进行适当的学习，进一步提升各方面的能力，也可以投资于房产、黄金等市场。总之，要让所有的闲钱流动起来，带来更多的收益。

3.3　不同事业阶段的投资理财

每个人际遇不同，人生目标也有很大差别，从毕业到步入职场，开始走上社会，可能遇到层出不穷的考验，可见从经济独立开始，就要有计划地理财。在有效规避理财风险的同时，做好各人生阶段的理财规划。

078　事业拼搏阶段

从进入职场到成家立业，这时没有太多的经济或家庭负担。理财应当以积累未来成立家庭所需的资金为重，所以务必以追求正职收入的稳定为首要目标，若有余力的话，可以进一步拿出部分储蓄进行投资，增加投资理财的经验。

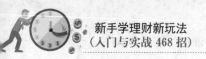
不要认为自己年轻就可以投资冒险，亏了可以从头再来，奉劝有这种错误观念的年轻人，不要抱着"不成功、便成仁"的态度，而是端正自己的投资态度；分散风险、适当投资；多阅读有关投资的书籍，丰富自己的投资知识；总结投资经验，才能成为成功的投资者。

对于事业刚起步的年轻人，不妨将积蓄中的 65%长期投资报酬率较稳定的债券、基金等金融商品，不要太积极地操作；15%选择定期存款；10%购买保险；10%用于活期存款，作为生活上的紧急支出。

079　成家阶段

这一时期是家庭的主要消费期。经济收入增加而且生活稳定，家庭已经有一定的财力和基本生活用品。为提高生活质量往往还需要较大的家庭建设支出，如购买一些较高档的用品；贷款买房的家庭还需要一笔大开支——月供款。随着家庭的形成，家庭责任感和经济负担增加，保险需求有所增强。为保障一家之主在万一遭受意外后房屋供款不会中断，可以选择缴费少的定期寿险、意外保险、健康医疗保险等，但保险金额最好大于购房金额以及足够家庭成员 5～8 年的生活开支。结婚以后，理财成为夫妻双方的共同责任。要建立合理的家庭理财制度，使家庭的稳定收入由小变大，得以保值增值。

尊重对方的消费习惯；保持理智的消费观；集中家庭资金进行投资理财；全面计划家庭的未来；建立家庭收支账本；通过经济分析，不断提高自身的投资理财水平，使家庭有限的资金发挥更大的效益，共同努力建设一个美满幸福的家庭。

080　家庭成长阶段

这个阶段家庭成员数量不会再增加，而年龄都在增长，因此，家庭的最大开支是保健医疗费、学前教育、智力开发费用。同时，随着子女自理能力的增强，父母精力充沛，又积累了一定的工作经验和投资经验，投资能力大大增强。

在鼓励投资方面可考虑以创业为目的，如进行风险投资等。购买保险偏重于教育基金、父母的自身保障等。这一阶段里子女的教育费用和生活费用猛增，财务上的负担通常比较重。那些理财已取得一定成功、积累了一定财富的家庭，完全有能力应付，故可继续发展投资事业，创造财富；而那些理财不顺利，仍未富裕起来的家庭，则应把子女教育费用和生活费用作为理财重点。

081　立业有成阶段

这一阶段人自身的工作能力、经济状况都达到高峰状态，子女已完全能够自立，父母债务已逐渐减轻，最适合累积财富。因此理财的重点是扩大投资，但不宜过多选择风险投资的方式。此外还要存储一笔养老资金，养老保险是较稳健、安全的投资工具之一。

子女参加工作后，夫妻的经济负担在很大程度上得以解除。这时应根据夫妻双方经济收入的实际情况，建立合理的家庭理财制度，使家庭的稳定收入由小变大，得以保值增值，积累足够的财富以应对不时之需，并应该为夫妻退休之后的老年生活做好储备。

082　退休享受阶段

这段时间的主要内容应以安度晚年为目的，投资和花费都比较保守。理财原则是身体、精神第一，财富第二。保本在这时期比什么都重要，最好不要进行新的投资，尤其不能再进行风险投资。另外，在 65 岁之前，检视自己已经拥有的人寿保险，进行适当的调整。

老年家庭的理财之道应当优先考虑投资安全，以稳妥收益为主。目前投资工具虽多，但并不是只要投资就有钱赚。客观来看，风险承受度和年龄成反比。老年家庭一生辛苦赚来的钱应当珍惜，如果投资一大笔金钱，一旦损失，对老人的精神、对家庭的影响都比较大，所以要特别注意投资的安全性，不可乱投资。需要注意的是，不可把家庭日常生活开支、借来的钱、医疗费、购房款、子女婚嫁等准备的钱用于风险投资。如果拿这些钱去投资，万一套牢，只有忍痛割爱低价卖出，损失巨大。

3.4　不同收入层次的投资理财门道

理财不是有钱人的专利，每个人都有"财"可理。由于拥有的财富不同，每个人的理财方法、理财侧重点自然各不相同。那么，不同收入的阶层该如何理财呢？

083　月入 1800 元左右的理财选择

月入在 1800 元左右的上班族，大多刚刚走上工作岗位，他们正处于人生的成长期，也为收入起步阶段，在这一阶段，理财的关键是平衡收入与个人支出，节流重于开源，抑制消费欲望，此外，应投资自我教育，多学习长见识也是必要的理财方式。

理财方法：

(1) 学会节流。工资是有限的，不必要花的钱要节约，只要节约，一年还是可以省下一笔可观的收入，这是理财的第一步。

(2) 做好开源。有了余钱，就要合理运用，使之能够保值增值，使其产生较大的收益。

(3) 善于计划。理财的目的，不在于要赚很多很多的钱，而是在于使将来的生活有保障或生活得更好，善于计划自己的未来需求对于理财很重要。

(4) 合理安排资金结构，在现实消费和未来的收益之间寻求平衡点，这部分工作可以委托专业人士为自己设计，以作参考。

(5) 根据自己的需求和风险承受能力考虑收益率。高收益的理财方案不一定是好方案，适合自己的方案才是好方案，因为收益率越高，其风险就越大。适合自己的方案是既能达到预期目的，又风险最小的方案，不要盲目地选择收益率最高的方案。

记住：你理财的目的不是为了赚钱，以赚钱为目的的活动那叫投资！

084　月入 4000 元左右的理财选择

月收入在 4000 元左右的人群大多数有了三四年的工作经验，且个人收入还会有所提高，但工作和生活的压力也会随之提高，如职位升迁、组建家庭、抚育孩子等。因此，在这一阶段的人群，一定要好好规划自己的资产分配。

理财方法：

(1) 必要的资产流动性。这主要是为了解决基本生活消费和预防突然性失业。你可以在银行设立两个账户，一个用于日常消费(活期)，每月存入 2000 元；另一个用于存放三个月的基本生活费用(定期)，7000 元左右。

(2) 合理的消费支出。赚的钱不是钱，省下来的钱才是钱。日常生活中很多消费支出是不必要的。因此第一步是学会记账。记账不是仅仅记下每一天的生活支出，而是为科学地计划和执行预做准备。首先，月初的时候应该制订好消费计划，比如，这个月一共花多少钱，这些钱要分配在什么项目上？要是这个月少花了，那么多出来的钱要怎么花？计划做好了，最重要的是执行，所以最好每一天记一下生活账，可以选择用本子记账，也可以使用记账软件。

(3) 完备的风险保障。要是没有一些风险意识，那么一场意想不到的大灾很容易让人陷入困境，所以，要为自己购买一定金额的人身险，要是有贵重的实物，也可以给它上个保险。对于保险的额度应该根据自身的情况而定。

(4) 规划教育投资。有生育小孩的人群，要提前考虑孩子的养育和教育问题。最好在想要孩子前一年开始攒；而且现在有很多保险公司都有关于孩子教育的业务，选择教育保险也是一项不错的投资。同时，也要为自己充电，有利于自己的职业发展。

(5) 积累财富。积累财富有很多途径包括炒股、炒基金、炒国债、炒房等，基金定投被称为"懒人理财法"，比较适合工薪族。而股票投资的风险高，不敢冒险且受压能力不强的人，最好远离股市。

085　月入 6000 元左右的理财选择

月入 6000 元的收入水平对一般人来说是非常不错的了，但由于工作原因，其开销也会增加。因此，对于这一收入水平的人来说，不应选择某些高风险的投资理财方式，相对而言，中庸的理财风格比较适用于这一类人群。

理财方法：

(1) 减少开支。在保证生活质量的前提下，缩减不必要的开支，将每月消费控制在 3000 元以内，从而提高财富积累速度。减少在奢侈品以及吃喝玩乐上的开支，每月可以暂时拿出 500 元购买基金，强制性地养成理财习惯。

(2) 定期定投买基金。在减少信用卡透支额度的同时，可以选择一些"强制性"投资，比如定期定额买基金，如低风险的货币基金。

(3) 购买保险。一般单位所提供的社会保险和基本公费医疗的保障功能比较单薄，保险额度也有限。所以，必须重新补充完整、全面的保障方案。如拿出 15%～30%的收入购买个人意外伤害保险或养老保险等，用于加强保障。

(4) 购房规划。成家之前的首要目标是购房，月入 6000 元的收入水平对于购房者来说可能会有些资金不足，但可以通过申请公积金及商业住房按揭组合贷款的方式来解决。

(5) 投资规则。除了日常支出和按揭还贷外还有一些结余，所购置的房产可以用于出租，至少每个月有 1000 元左右的收入，而这些收入可以将其投资于每月定期定额的基金产品。

086　月入万元以上的理财选择

月入万元以上可以说是实实在在的金领阶层。这类人群大多在 30 岁左右，正是年富力强之时，一般来说收入会比较快速地增长，到后期可能趋于稳定，由于多年的工作积累，一定会有不菲的存款，也有较强的实力进行风险投资。同时，也要考虑结婚、购房、购车、赡养父母、生育后代等问题，并为此进行资金准备，而理财的重点则是日常预算和债务管理方面。

理财方法：

(1) 降低现金的额度，发挥流动资金的最大效用。10 万元现金(或等同现金)中的 3 万～5 万元可按一定的比例存入银行、投资于人民币理财产品和货币基金，以保证留有足够的兼顾流动性和收益性的备用资金。

(2) 经济收入增加而且生活稳定，家庭已有一定的财力和基本生活用品，风险承受能力较强，可以用 3 万～5 万元的现金来进行一些风险投资。在投资规划中债券是一种可以提供固定收益的投资品种。投资适当比例的债券，可使投资组合达到良好的分散化效果，从而降低整体的投资风险水平；另外附息债券通过定期支付利息，可以为投资者提供可预见的稳定收入，这对于退休规划显得尤其重要。

(3) 房屋贷款的还款技巧。建议可用部分资金提前还贷，以减少利息支出。但要注意的是，选择这种方法要量力而行，不能为全部提前还清银行债务而打乱其他资金计划。部分提前还款法有三种方式可选择：月供不变，将还款期限缩短；减少月供，

还款期限不变；月供减少，还款期限缩短。

（4）从家庭理财规划来看，保险是所有理财工具中最具防护性的。如果是夫妻双薪家庭，建议夫妻互保，保障的种类有意外伤害类和医疗保障类保险。若是结婚前已买过保险，建议检查已有保单，适当增加保额和更换保单受益人。这个阶段家庭已经积累了一定的财富，则建议夫妇双方考虑购买重大疾病保险，因为投保年龄越小，保费越便宜。还可以考虑定期寿险，以尽可能小的费用来获得尽可能大的保障。

3.5　制定理财目标的方法

注重理财、善于理财，就能步入财富殿堂；而不注重理财、不善于理财，即使有再高的工资、再多的收入，生活始终会陷入拮据、度日艰难的境地。既然理财如此重要，那么我们该如何制订家庭各个阶段的理财目标呢？

087　近期理财目标制订方法

近期目标就是在短时间内可以达到的成果，一般要贴切实际，不要好高骛远。例如，普通家庭的近期目标可以从下面两方面进行考虑。

（1）足够的备用金是首要任务。所谓家庭备用金，其实就是家庭一段时期内必要的日常生活开支，包括家庭成员突然生病等应急开支，其金额通常是家庭月支出的3～6倍。为了保证支取方便，一般采用活期储蓄或者货币型基金的形式。家庭应急基金支取后，应及时从日常收入或者投资理财积累中补回。

（2）需要还清家中的所有贷款。如果家庭有车贷和房贷，则应首选还清车贷，因为汽车是消费品，不能带来收益，只能增加利息支出，而房产则可以视为一项投资，有升值的潜力。

088　中期理财目标制订方法

由于家庭环境、财务状况、收入预期、支出规划等诸多方面的差异，每个家庭的中期理财目标与风险承受能力是不尽相同的。普通家庭的中期理财目标通常有大型消费品、旅游、父母赡养、子女教育计划以及财务安全规划等。

089　长期理财目标制订方法

人穷志短，如果没有钱，可能在老的时候要看别人的脸色生活，这样的老年是没有尊严的。为了安度晚年，过上有尊严的幸福生活，年轻的时候就要注重理财，制订长期的理财目标，为养老进行财务上的储备。长期理财目标主要包括子女教育金、养老金、职业保障规划、财富积累规划等。

第 4 章
信用卡理财：方便生活还能赚钱

学前提示

　　信用卡是日常生活中接触最多的一种理财工具。但是并不代表每个人都能充分了解其强大的理财功能，有人更多地把它当成安全钱包，并未认真地考虑过它是否能给财富带来增值。作为一个理财初学者，首先需要把握好信用卡这款理财工具。

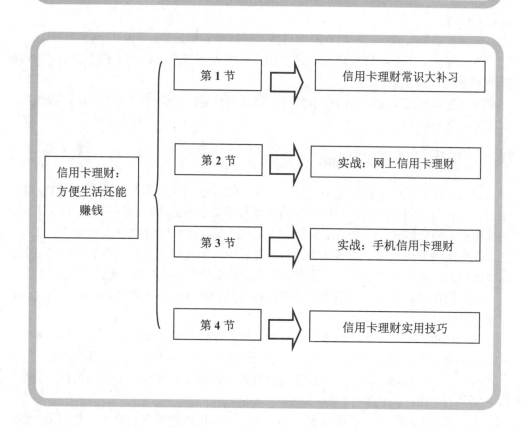

	第1节 ➡	信用卡理财常识大补习
信用卡理财：方便生活还能赚钱	第2节 ➡	实战：网上信用卡理财
	第3节 ➡	实战：手机信用卡理财
	第4节 ➡	信用卡理财实用技巧

4.1　信用卡理财常识大补习

信用卡是人们接触较多的一款理财工具，但并不是每个人都能切实掌握它。为了理财，需要对信用卡有具体的、详细的了解。

090　信用卡的主要作用

一张正面印有发卡银行名称、有效期、号码以及持卡人姓名等内容，背面有磁条和签名条的卡片，到底有什么神奇之处呢？

(1) 先消费后付款。可以在卡里没有金额的情况下进行普通消费，并可享有 20～50 天的免息期，按时还款分文利息不收。

(2) 购物刷卡更安全。信用卡持有者存取款、消费不受区域的限制，在特约商户消费时又无须支付现金，因而免除了外出时需要携带大量现金带来的麻烦和风险。

(3) 超享折扣优惠。购物时刷卡不仅安全、卫生、方便、享受折扣优惠，还有积分礼品赠送。

(4) 积累个人信用。在用户的信用档案中增添诚信记录，让用户终身受益。

(5) 通行全国无障碍。信用卡是全国发行的银行卡产品，在有银联标识的 ATM 或 POS 机上均可取款或刷卡消费。

(6) 全家一起来理财。信用卡特有的附属卡功能，适合夫妻共同理财，或掌握子女的财务支出。

091　信用卡的基本功能

信用卡的各项用途和功能是由信用卡发卡银行根据社会需要和内部经营能力所赋予的，尽管各家银行所发行的信用卡的功能并不完全一致，然而所有银行信用卡都有购物消费、转账结算、储蓄、小额信贷、汇兑结算以及分期付款等基本功能。

(1) 购物消费功能。在其购物消费的过程中，所支付的货物与服务费用超过其信用卡账户余额时，发卡银行允许持卡人在规定的限额范围之内进行短期透支。

(2) 转账结算功能。信用卡持有者在指定的商场或饭店购物之后，使用信用卡即可进行转账结算，无须以现金货币支付。

(3) 储蓄功能。使用信用卡办理存款与取款手续比使用储蓄存折更方便，不受存款地点和存款储蓄所的限制，可以在发卡银行的所有网点及联行机构通存通取。

(4) 小额信贷功能。信用贷款不需要抵押，解决了传统银行无法为低端客户提供金融服务的问题。

(5) 信用卡取现功能。各家银行都开通了"信用卡取现"功能，只要不是大钱，直接在柜台或自动取款机就能取走，非常方便。

(6) 汇兑结算功能。当需要在外地收回款项时，可以持卡在异地银行网络机构办理存款手续，由银行将款项汇回本地持卡人账户，用款时可持卡在各地会员银行办理取款手续。也可将款项凭卡转到异地，然后凭卡支付，办理转账结算。

(7) 分期付款功能。使用信用卡进行大额消费时，由发卡银行向商户一次性支付持卡人所购商品(或服务)的消费资金，并根据持卡人的申请，将消费资金分期通过持卡人信用卡账户扣收，持卡人按照每月入账金额进行偿还即可。

092 信用卡的主要种类

信用卡的种类有很多种，通常可以划分为七种：公司卡与个人卡、贷记卡与借记卡、国际卡与地区卡、普通卡与金卡、主卡与附属卡、商业机构发行的零售信用卡以及服务行业发行的旅游娱乐卡。

093 信用卡的优势与弊端

信用卡的优势主要包括：安全、便利、灵活快捷、可随时获得信贷、干净卫生、可积累个人的信用记录、增值服务多、拒付率低、独享尊贵身份以及可以培养理财意识等。

信用卡弊端主要有：盲目消费、过度透支、需交年费、利息高、影响个人的信用记录以及容易被恶意盗刷。

4.2 实战：网上信用卡理财

信用卡是最早在网上开通业务的理财工具，其网上业务也是琳琅满目，让人眼花缭乱，理财者需要一一辨别清楚再做选择。

本节以"中国建设银行信用卡"为例，主要介绍：在线申请、信用卡激活、余额查询、本期账单查询、分期付款、一键还款等功能。

094 在线申请信用卡

信用卡并非只是一个可有可无的"先消费后还款"工具，对于信用卡高手而言，一张信用卡可以帮助其获得更优质的生活体验，当然你首先需要申办一张信用卡。

进入建设银行的官网(http://www.ccb.com)，选择个人网上银行业务后单击"登录"按钮。进入个人网上银行主页，在"登录个人网上银行"选项区中依次输入账号、密码和附加码。单击"登录"按钮，即可登录个人网上银行，如图4-1所示。

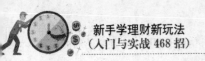
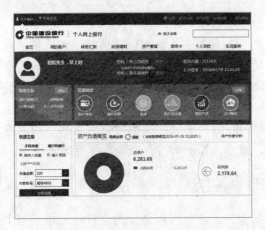

图 4-1　登录个人网上银行页面

　　在导航栏中，依次选择"信用卡"|"信用卡申请"选项，进入"信用卡申请"页面，可以看到"普通申请"和"便捷申请"两种方式。例如，选择普通申请方式，单击"立即申请"按钮进入申请流程，用户需要选择卡片以及填写相关的申请详细信息，如图 4-2 所示，然后根据提示完成申请操作即可。

图 4-2　申请详细信息填写页面

095　网银激活信用卡

　　当用户收到银行邮寄过来的信用卡后，首先需要激活信用卡。通过网上银行激活信用卡十分方便快捷，而且对用户来说，最大的好处便是节省时间。登录网上银行主页后，选择"信用卡"|"业务办理"|"在线开卡"选项。进入"信用卡激活"页面，输入相应的证件号码和信用卡卡号，如图 4-3 所示。单击"下一步"按钮，根据提示操作确认激活信息即可。

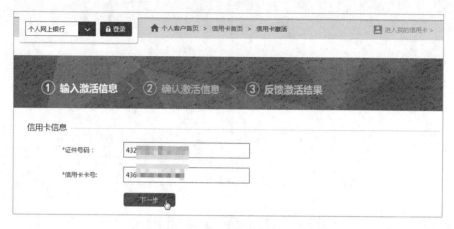

图4-3 输入相应的证件号码和信用卡卡号

096 信用卡余额查询

在"我的信用卡"主页的"查询"选项区中单击"查询余额"链接。执行操作后，即可查看到信用卡的余额、信用额度、可用额度、还需还款额等数据，如图 4-4 所示。

我的卡包					
余额查询　本期账单　历史账单　交易明细　积分查询					
余额查询					
信用卡卡号	币种	余额	信用额度	可用额度	还需还款额
⊟	-	-	-	-	-
	人民币	2178.64	20000.00	17821.36	1374.63
	美元	0.00	2500.00	2500.00	0.00

图4-4 查询余额

097 信用卡本期账单查询

在"本期账单"页面中，用户可以查看账务信息、账户信息、应还款明细、账单明细等数据情况，如图 4-5 所示。

如果用户在上个月的还款日到下个月的还款日时间段内没有进行消费，那么该信用卡的本期账单信息为空白。

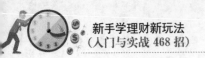

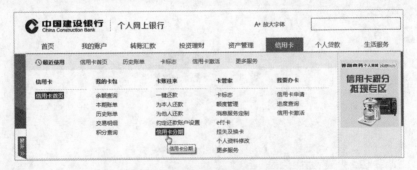

图 4-5　"本期账单"页面

098　信用卡账单分期付款

　　用户利用信用卡进行消费，是需要在规定的时间内进行还款的。通过网上银行，用户可以办理账单分期，到每个月的还款日只需还款一部分即可。

　　在个人网上银行主页的导航栏中依次选择"信用卡"|"卡账往来"|"信用卡分期"选项，如图 4-6 所示。

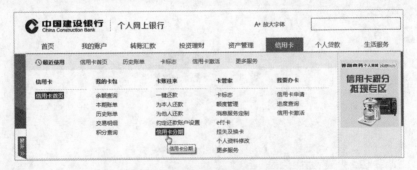

图 4-6　选择"信用卡分期"选项

　　进入"信用卡分期"页面，选择信用卡卡号，单击"下一步"按钮。账单分期是指将已出账单全部或部分消费金额办理分期偿还。填写账单分期申请信息，需要设置的项目主要包括申请账单分期金额和申请分期期数，如图 4-7 所示。单击"下一步"按钮，确认账单分期申请信息，无误后单击"提交申请"按钮即可。

　　在账单分期时，用户需要选择不同的分期期数，期数不同利息不同，时间也不同，为了帮助用户更好地了解不同分期需要付出的资金和利息，用户可以使用前面介绍的利息费用计算器，直接了解不同期数的各期还款资金和利息。

图 4-7　填写账单分期申请信息

099　信用卡一键还款

通过网上银行的一键还款功能，可以快速归还用户名下的所有信用卡欠款。

登录个人网上银行，在"信用卡"主页导航栏中依次选择"信用卡"|"卡账往来"|"一键还款"选项。执行操作后，进入"一键还款"页面，用户基本上不需要做任何设置，就可以看到系统为用户选择了最佳的还款方式，如图 4-8 所示，单击"下一步"按钮。执行操作后，进入"确认还款信息"页面，确认无误后再单击"确认"按钮即可完成还款操作。

图 4-8　"一键还款"页面

4.3　实战：手机信用卡理财

信用卡不仅仅开通网上业务，还开通了手机业务，为广大喜欢选择信用卡理财的爱好者提供了便利，同时也方便了我们的生活。

100   手机银行添加信用卡

进入"我的账户"界面，单击"新增账户"按钮进入其界面，在列表中选择"信用卡账户"选项，如图 4-9 所示。进入"新增信用卡账户"界面，在此输入分行、账号、安全码、有效期、账户别名、账户密码以及验证码等，如图 4-10 所示，再单击"下一步"按钮根据提示进行操作，即可完成新增账户操作。

图 4-9　选择"信用卡账户"选项

图 4-10　"新增信用卡账户"界面

101   手机银行申请信用卡

进入"信用卡"界面，单击"我要办卡"按钮。进入"我要办卡"界面，选择"信用卡申请"选项，如图 4-11 所示。进入"信用卡申请"界面，在此会显示账户的中文姓名、中文拼音以及身份证号信息，确认无误后单击"下一步"按钮。

单击选择相应地区的信用卡。用户也可以单击右上角的"全部"按钮，在弹出的菜单中选择不同的信用卡类型进行更精确地筛选。选择好信用卡后，单击"请选择卡面"按钮。在弹出的菜单中选择相应的卡面类型。

执行操作后，选择相应的信用卡类型(主卡或附卡)和信用卡领用协议，并单击"下一步"按钮。执行操作后，依次设置营销员信息、推荐码、安全验证码等信息，单击"提交申请"按钮即可，如图 4-12 所示，即可等待审批结果。

图 4-11　选择"信用卡申请"选项

图 4-12　单击"提交申请"按钮

102　快速激活信用卡

用户通过手机银行可以快速开卡。例如，在招商银行手机银行的"办卡分期"界面中有一个信用卡开卡功能，用户单击之后就可以进入开卡界面。如图 4-13 所示为用户信用卡开卡的操作界面。

图 4-13　信用卡开卡的操作界面

用户通过手机银行进行开卡操作，首先需要同意该银行信用卡网上领用协议，只

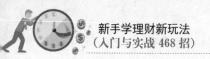

有单击"同意"按钮之后，用户才能够进入到开卡的操作界面。在开卡界面，用户需要选择证件类型，同时填写证件号码、信用卡号、有效期以及信用卡背面签名栏的末3 位数字。

103 手机查询账单明细

进入"信用卡"界面，单击"我的信用卡"按钮，如图 4-14 所示。再根据提示单击"本期账单金额"区域，进入"已出账单查询"界面，在此可以看到本月的信用卡账单详情，如图 4-15 所示。

图 4-14　"我的信用卡"界面

图 4-15　"已出账单查询"界面

104 手机银行申请现金分期

在"我要分期"界面单击"现金分期申请"按钮进入其界面，如图 4-16 所示。在"申请金额"下面的文本框中输入需要申请的现金分期金额，单击"汇率试算"按钮弹出"现金分期试算"对话框，显示相关的试算结果，单击"确定"按钮返回，如图 4-17 所示。

单击"收款账户"选项右侧的"选择账号"按钮进入其界面，单击选择相应的储蓄卡作为收款账户。执行操作后，即可修改收款账户，设置好现金分期的相关选项后，单击"下一步"按钮。执行操作后，确认现金分期申请信息，然后输入短信验证码，单击"确定"按钮即可。

图 4-16 　"现金分期申请"界面

图 4-17 　现金分期试算

105 　手机银行调整额度

进入"信用卡管理"界面，在"额度管理"选项区中单击"额度调整"按钮，如图 4-18 所示。执行操作后，进入"额度调整"界面，单击"信用卡"一栏可以在弹出的菜单中选择要调整额度的信用卡，单击"确定"按钮保存即可。

选定信用卡后，单击"调整额度"按钮。执行操作后，进入"额度申请"界面，在"申请额度"文本框中输入相应的资金数值，如图 4-19 所示。单击"选择日期"按钮进入其界面，选择相应的生效日和失效日。

图 4-18 　单击"额度调整"按钮

图 4-19 　设置申请额度数值

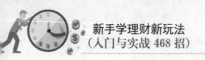
单击"确定"按钮，设置好调整申请的相关选项后，单击"下一步"按钮。执行操作后，确认申请信息是否正确。在"验证码"文本框中输入手机接收到的短信验证码，单击"确定"按钮即可完成调额申请操作。

106　手机信用卡还款

进入"信用卡"主界面，单击"我要还款"按钮，如图 4-20 所示。执行操作后，进入"我要还款"界面，单击"为本人还款"按钮，进入"为本人还款"界面，此处有"一键还款"和"按卡号还款"两种方式，如图 4-21 所示。在"一键还款"选项卡中又可以分为本期还需还款、本期最低还需还款、当前总欠款三种还款方式，用户可以根据自己的实际情况选择合适的还款方式。

图 4-20　单击"我要还款"按钮

图 4-21　"一键还款"选项卡

107　商户优惠信息寻找

建设银行手机银行的周边商户包括特色餐饮、时尚购物、生活服务、精品酒店、休闲娱乐、汽车服务、汽车销售等类型，有相关需求的用户可以使用该功能寻找更优惠的商户进行刷卡消费。

进入"信用卡"主界面，单击"优惠商户"按钮。执行刚才的操作后，进入"周边商户"界面，单击"全部"按钮。执行操作后，可以在弹出的菜单中选择商户类型。在"周边商户"界面上方单击"1000 米"按钮，在弹出的菜单中可以设置显示相应距离内的商户，比如选择"5000 米"选项。执行操作后，即可显示距离用户 5000 米范围内的所有商户，如图 4-22 所示。单击"地图"按钮可以使用地图模式查看，如图 4-23 所示。单击相应的蓝色坐标点，可以显示该商户名称和地址。单击商户名称进入"商户详情"界面，可以在此查看该商户的联系方式(单击可直接拨打商户电话)、优惠信息以及商户简介。

图 4-22　查看更多商户

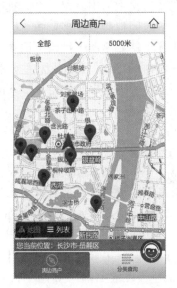

图 4-23　使用地图模式查看

4.4　信用卡理财实用技巧

现在信用卡无论是网上的理财业务还是手机上的业务都非常多。面对信用卡那么多的业务，对于有理财爱好且打算利用信用卡理财的人士而言，难免有点应接不暇。其实那么多的信用卡理财业务中，是有使用技巧的。如果掌握了这些技巧，对于理财初学者就可以在信用卡使用上做到事半功倍。

108　微信银行的便捷服务

微信银行的出现原因在于微信公众号的功能发展，用户通过微信公众号可以完成大部分功能操作，而银行正是借助于微信公众号的平台向用户提供便捷服务，这种能够帮助用户完成银行业务操作的公众号就是微信银行。

在移动网络时代，手机微信银行已经成为一种常态。在国内的银行中，招商银行在 2013 年 7 月 2 日正式推出微信银行业务，其他银行推出微信银行的速度慢于招商银行，但是发展速度很快。大部分银行都开通了微信银行业务。以民生银行为例，如果用户想搜索其信用卡的微信银行，那么直接在搜索栏中输入"民生"二字，在出现的搜索界面中自然会出现信用卡的微信银行信息，然后单击该公众号，进行关注即可。

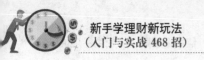
109   实用的 App 信用卡管家

在现代化生活中，每一个人拥有的信用卡都越来越多，这也意味着用户管理信用卡所需的时间也越来越多，每一张信用卡的还款日、账单日都有所不同，如果用户遗忘了还款，就会出现不良信用记录，而且银行会直接从信用卡中扣除部分利息。

在国内的 App 平台上，主要有三个信用卡管家 App 深受大众喜爱，并且每个App 都聚集了一批忠实的用户。下面对这三个信用卡管家 App 进行分析，了解不同平台的相关功能。

(1) 51 信用卡管家：打造的是智能化管理模式，以高效、简便、实用、安全等为平台主要特色。

(2) 卡牛信用卡管家：与 51 信用卡管家相比，卡牛信用卡管家的影响力大致相同，市场用户数量占有份额也基本与其一致。卡牛信用卡管家 App 能够自动解析银行的短信，并将信息录入用户的 App 中。在具体的功能及 App 设计方面，卡牛信用卡管家主打功能创新型，而 51 信用卡管家主打功能是稳定全面型。

(3) 挖财信用卡管家：在信用卡管家 App 领域，挖财信用卡管家在普通用户数量和核心用户数量上都与其他平台存在一定差距。挖财信用卡管家属专注于信用卡集成管理的平台。在登录方式上，挖财信用卡管家主要提供邮箱登录，登录方式较为单一。

110   五种信用卡刷卡方式

信用卡与储蓄卡在支付方式上存在一定的相似处，但是比储蓄卡支付更加方便、快捷、安全。下面介绍用卡高手必备的五种刷卡技巧。

(1) 电话支付刷卡：电话支付属于一种电子支付形式，在操作方式上非常简单，而且支付的成本非常低。信用卡用户只需要使用电话或类似设备，连接银行系统进行相关操作就可以完成支付行为，不过部分银行有推出专门的支付电话终端。

(2) 多功能 POS 机刷卡：笔者非常喜欢通过多功能 POS 机刷卡，主要原因就是非常方便，无论需要支付的金额是多少，信用卡都可以一笔支付，不需要额外找零，更不需要携带现金。

(3) 移动 POS 机刷卡：用户在淘宝或其他购物平台购物时，也可以选择信用卡支付，如果用户选择货到付款，当快递送达时，用户就需要在快递员携带的移动 POS机上刷卡进行消费，支付购物费用。

(4) 网络支付：网络支付就是用户通过第三方提供的支付接口，来完成的实时支付，相比于其他支付方式，这种网络支付的好处在于到账迅速，不需要人工确认。用户可选的网络支付形式有很多种，包括绑定信用卡、电子钱包、特殊终端设备支付等。

（5）移动支付：无论是支付宝支付还是微信支付，用户都可以通过二维码支付、转账支付等方式进行支付，由于支付宝和微信的用户数量极多，所以这种支付方式也成为现阶段支付的主流模式。支付宝、微信已经成为大众生活中不可缺少的生活工具，在平台上绑定信用卡，就可以通过支付宝、微信获得更便捷的生活服务。

111　信用卡分期消费技巧

用户选择分期的方式最快可以是 7 天，但只有部分银行提供这个功能，更常见的是 12 个月、24 个月、36 个月。如何进行分期消费，其中有很多技巧需要用户掌握。也只有掌握了这些技巧，才能享受分期付款带来的提前消费的乐趣和实惠。

例如，100 天免息，这是很多用户都不知道的信用卡刷卡技巧，但是实际上却是可行的。用户要想获得 100 天免息，可以通过两个步骤达到目的。

首先是调整还款日，为了管理账单，便于还款，银行为用户提供调整账单日和还款日的功能，比如用户还款日为 20 日，那么向银行客服打电话申请更改信用卡还款日，银行会提供几个日期，用户选择最长的日期就可以延缓还款的时间。

其次就是分期付款，用户需要注意的是，大部分银行的分期处理是将本期的金额分开，从下个账单日重新计算，也就是这个账单日是不需要还款的，这样就可以获得整整一个账单日的免息时间。

112　信用卡轻松还款技巧

信用卡最为重要的就是申请、办理、使用、积分以及还款，随着科技的不断进步，信用卡还款方式也变得越来越多。与传统的柜台还款相比，现在的便捷还款更加适合用户，如微信支付还款、支付宝还款、电话还款、约定自动还款、营业厅柜台还款、新型的互联网刷卡工具还款、ATM 机还款、拉卡拉还款、盛付通还款。

例如，随着网上购物的兴起，越来越多的人拥有支付宝账户。作为以支付为核心的支付宝，其提供的还款功能也被越来越多的用户使用。

用支付宝还款非常简单，用户只需要将支付宝里面的钱汇入信用卡账户中即可。支持支付宝信用卡还款业务的银行包括招商银行、交通银行、广发银行、工商银行、农业银行、建设银行等数十家，用户当日还款次日到账并且免费。用户如果绑定了信用卡，那么支付宝平台也会为用户提供还款提醒服务。

113　信用卡提额小技巧

要想让银行主动提额，必须在刷卡的持续性和频繁性方面下功夫，要坚持长期刷卡消费，最好连续数个月都有刷卡的消费额度，另外刷信用卡的次数和商家对象越多越好。信用卡提额其实还有一些大部分用户并不知晓的小技巧，下面针对这些技巧进

行全面分析。

1．刷卡额度影响成功率

能够证明持卡人有提额能力的事实，就是用户使用信用卡支付的金额越来越大，次数越来越多。而二者之间虽然次数也是银行关注的一个方面，但是额度更为重要。一般来说，每月产生账单消费金额至少是信用卡总额度的 30%，持卡人才会被银行认为具备提额能力。

2．坚持进行提额申请

提额申请一般是向客服提出，持卡人只能被动等待，而持续的电话提额申请，不同的客服会对用户的申请进行不同的处理。因为每个人的情况都不同，所以不同的客服或者工作人员在处理申请时的依据会有所不同，因此就会出现上一次通不过，这一次通过的情形。如果用户在账单日或者信用卡刚使用过时申请更容易通过，这会让银行的工作人员觉得用户是真的有提额的需求。

3．曲线提升整体额度

曲线提额也是用卡高手常用的一个方式，尤其是在某些特殊卡片出现时，其操作方式就是指用户不断地申请同一银行的信用卡。新发的信用卡一般与用户原有固定额度一致，甚至比原有的固定额度还要高。申请了多张信用卡之后，用户的个人总额度就达到了原有信用卡不能达到的高度。比如一张信用卡额度为 20000 元人民币，那么五张信用卡的额度总和就达到了 100000 元人民币。

114　安全用卡的七个技巧

信用卡信息很容易被人盗取后进行盗刷，因此防止信用卡被人盗刷的技巧必不可少。防止信用卡被盗刷需掌握以下七招。

(1) 用户收到银行发来的信用卡信封时，要当场检查信封的完好程度，如果信封有被人打开的痕迹，要马上向银行进行反馈。

(2) 使用信用卡进行交易时，用户要尽快地输入密码，可以用手进行遮挡，以防密码信息被人窃取。

(3) 要妥善地处理交易回单，尤其不要随意丢弃，确保信用卡的账号信息不泄露，也就不会给不法分子伪造卡片提供机会。

(4) 重要证件不要放在一起，尤其是出门办事时应将信用卡与身份证分开放置，如果信用卡和身份证都被盗取，那么信用卡资金不保的可能性非常大。

(5) 在公共场所要注意个人物品，比如度假时不要遗漏信用卡等私人物品，防止出现遗失等情况。

（6）发现信用卡丢失，用户要马上联系银行，先通过电话跟信用卡客服进行初步挂失，然后再去寻找信用卡。

（7）如果信息有更改，必须及时地告知银行。即使出现盗刷，用户也可以通过短信交易记录了解情况，进而快速挂失，防止损失进一步扩大。

第5章

银行理财：传统稳健之道

学前提示

银行，对于大众来说显然不是个陌生的名词。但现代银行业务与传统的银行业务相比，已发生了翻天覆地的变化。如果说到银行理财，就顾名思义认为是存储，未免对现代银行的知识知之甚少。存储只是银行理财的一项业务。银行的理财产品有很多种，现在银行还开通手机银行、网上银行理财业务。银行理财对于理财初学者来说，也是理财的一种不错的选择。

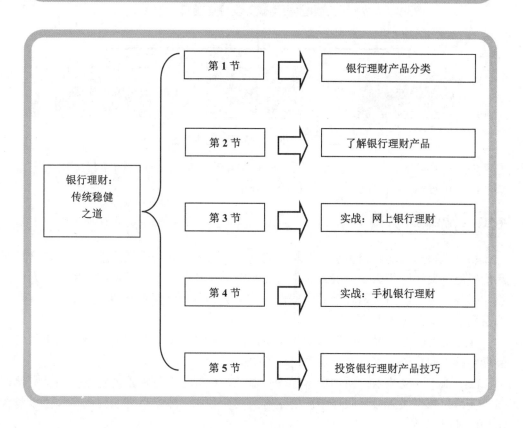

银行理财：
传统稳健
之道

第1节	银行理财产品分类
第2节	了解银行理财产品
第3节	实战：网上银行理财
第4节	实战：手机银行理财
第5节	投资银行理财产品技巧

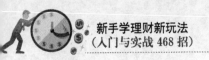

5.1 银行理财产品分类

近年来，各大银行开发的理财产品数量激增，理财产品种类也日渐丰富，在为老百姓增加投资渠道的同时，过于专业的投资品种也经常让投资者无所适从。其实，要搞清楚银行理财产品的种类也不难，只要了解银行理财产品的本质，知道其分类情况，明了其风险收益特征，根据自身的投资偏好就可以选择适合自己的产品。

115 按照标价币种分类

根据币种不同，理财产品一般包括人民币理财产品、外币理财产品以及双币理财产品三大类。银行理财产品的标价货币，即允许用于购买相应银行理财产品或支付收益的货币类型，如图 5-1 所示。

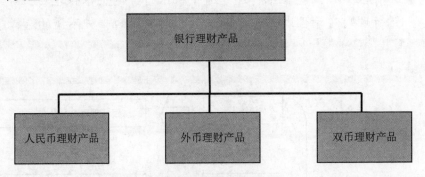

图 5-1 不同币种的银行理财产品

外币理财产品只能用美元、欧元等外币购买，人民币理财产品只能用人民币购买，而双币理财产品则同时涉及人民币和外币。

116 按收益类型分类

银行理财产品的收益类型，即相应的银行理财产品是否保证或承诺收益，这对产品的风险收益影响很大。一般来说，按照收益类型分类，银行理财产品可以分为保证收益类与非保证收益类两种，其中非保证收益类又可分为保本浮动收益和非保本浮动收益两类，如图 5-2 所示。

(1) 保证收益产品：所谓保证收益型产品，顾名思义，是指无论投资结果如何，到期银行均向投资者支付本金及固定收益的银行理财产品。

(2) 保本浮动收益：所谓保本浮动收益，是指商业银行根据约定条件向客户保证本金支付，依据实际投资收益情况确定客户实际收益，本金以外的投资风险由投资者承担的理财产品。

(3) 非保本浮动收益：非保本浮动收益类产品是指商业银行根据约定条件和实际投资情况向客户支付收益，并且不保证本金安全，投资者须承担投资风险的理财产品，该类产品的投资风险完全由投资者承担。

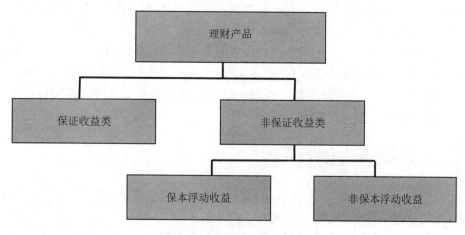

图 5-2　按照收益类型分类

117　按照投资方向分类

按照投资方向的不同，银行理财产品可分为固定收益类、现金管理类、国内资本市场类、代客境外理财类等。其风险排序基本与其投资的标的市场风险排序相近，单款产品的风险与投资的具体标的风险相关。

118　按照委托期限分类

银行理财产品一般可以分为超短期产品、短期产品、中期产品、长期产品以及开放式产品。通常情况下，理财产品期限越短，流动性风险越小，反之则流动性风险越大。截至 2014 年 1 月 6 日，目前在售的理财产品，不同委托期限的产品所占比重如图 5-3 所示。

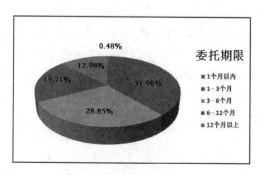

图 5-3　按照委托期限分类

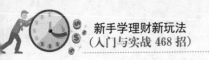
119　按照设计结构分类

按照设计结构分类，银行理财产品分为单一性产品和结构性产品两种。所谓单一性产品，就是很简单的产品设计；所谓结构性产品，是指交易结构中嵌入了金融衍生产品一类的理财产品。这类理财产品的投资对象通常可以分为两个部分，其一是固定收益证券，其二是金融衍生产品(主要是期权)。其中，投资于金融衍生品的部分，现金流不确定，且由于金融衍生品一般是保证金交易，具有以小博大的特点，风险较大，收益率也较高。

5.2　了解银行理财产品

银行理财产品的定义：在对潜在的客户群进行专业系统分析研究后，商业银行为这一群体开发设计与销售的资金投入和管理方案。

在这种理财过程中，商业银行金融机构得到客户授权后管理其资金，客户和银行通过协商来承担投资收益与风险。

120　平安银行

1.　聚财宝

聚财宝是平安银行倾力打造的本外币理财产品主打品牌，该品牌有结构类、保本、非保本、银信合作、组合产品等几大类型产品，分别满足客户对收益性、流动性的不同需要。

聚财宝是平安银行为个人客户量身定做的，满足客户闲置资金自动升值需求的人民币理财产品，具有较高的收益性、较强的流动性、可靠的安全性、手续的简便性等特点。

2.　日日安盈

"日日安盈"是平安银行推出的一款高流动性、低风险理财产品，该产品的显著特色在于：100%保证本金、随时可申购赎回，赎回资金实时到账，在为客户带来稳健收益的同时，保证客户资金的高度流动性，有效提高资金使用效率。购买途径便捷也是该产品的另一大特色，平安网银客户可随时通过平安一账通网银申请购买，足不出户即可完成业务办理。

121　广发银行

1．"薪满益足"系列

"薪满益足"系列理财产品属于非保本浮动收益类理财产品，投资范围包括债券、货币市场工具、债权类及权益类资产等。

"薪满益足"系列产品的特点为期限短、流动性强、投资方向明确，根据投资起始金额不同，分为大众客户版(5 万元起)、准财富管理客户版(15 万元起)、财富管理客户版(30 万元起)、私人银行版(100 万元起)。目前主要发行的常规产品包括周周发产品、月末到期产品、理财夜市专属产品以及资金归集专属产品等。

2．"欢欣股舞"系列

"欢欣股舞"人民币理财计划属于保本浮动收益类理财产品，投资期限主要为 1 年，所募集的资金本金部分纳入广发银行资金统一运作管理，投资于货币市场工具(包括但不限于同业存款、拆借、回购等)、债券(包括但不限于国债、央票、金融债、短期融资券、企业债、中期票据、公司债)，收益部分投资于与一篮子港股价格挂钩的金融衍生产品，投资者的理财收益取决于一篮子港股价格在观察期内的表现。

122　工商银行

"理财金账户"是中国工商银行为贵宾客户提供的一项个性化、全方位、贵宾式的新型金融理财产品，本产品以无纸化、电子化为特征，以科技领先、高效便捷、安全可靠的电子系统为保障，集后台智能的综合账户系统、个人理财系统和客户关系管理系统等多项先进技术于一体，如图 5-4 所示。

图 5-4　工行理财金账户

"理财金账户"具备存款账户、贷款账户和投资账户三种账户功能，可满足高端客户的多种理财需要。

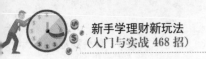
123 农业银行

从产品面向的投资者群体来看，农业银行的客户群体既有普通大众，也有高端的贵宾客户及私人银行级的高净值客户。"灵珑"产品，正是农业银行资产管理团队在进行客户细分之后，为高端投资者量身打造而成的。

"金钥匙·灵珑"系列理财产品是农业银行基于其主打品牌"安心得利"为个人高端客户量身打造的。

该款产品定位于高净值客户，在提供了相对较高的预期收益的同时，延续了农业银行一贯的稳健风格，将理财产品的风险等级控制在中低水平，体现了良好的差异化服务和上佳的资产管理水平。产品一经推出，即受到市场的广泛欢迎。

124 民生银行

由民生银行推出的"非凡财富"高端理财产品，面向中高端理财客户，将目光瞄准希望通过多种理财渠道完成不同阶段目标的人群。

"以客户为中心"是民生银行"非凡财富"的核心理念，倾听客户声音，关注客户需求。"非凡财富"以其倾力打造的理财、结算、基金、保险、三方存管、期权期货六大产品平台为基础，拥有全国 500 多位持有 AFP/CFP 证书的专业理财团队，通过一对一的财务诊断和理财规划、专享增值服务及理财资讯发送，为客户提供量身定制的财富管理服务，如图 5-5 所示。

图 5-5 民生银行"非凡财富"产品

日前，中国民生银行"非凡财富"最新推出七大全面金融解决方案，通过理财、基金、银保、银证、银期、银行卡及支付结算七大产品平台，可为客户提供多元化的理财渠道。非凡财富金融解决方案是为个人客户进行一揽子财务规划，并提供综合金融理财服务的基本形式。

125 华夏银行

2007 年 8 月 27 日，华夏银行推出"华夏理财——慧盈 3 号"挂钩海外基金的限量版高端理财产品。该产品集众多热点概念于一身：全球资源概念、中国概念、保本概念、收益上不封顶、更好的入市时机等。

该产品挂钩的基金是美林证券美林全球矿产基金和霸菱香港中国基金，产品理财期限为 1 年，华夏银行提供 100%本金保障和 95%本金保障两种不同风险度的产品供投资者选择。虽然"慧盈 3 号"已经于 2008 年 9 月 12 日正式到期，但是华夏银行倾力推出的该理财产品颇具代表性，并且如今的"慧盈系列"已经发展到"慧盈 38 号"和"慧盈 41 号"。

126 招商银行

"金葵花"理财是招商银行面向个人高端客户提供的高品质、个性化综合理财服务体系，涵盖负债、资产、中间业务及理财顾问等全方位金融服务。其核心价值在于对银行的产品、服务、渠道等各种资源进行有效整合，通过贵宾理财经理为高端客户提供一对一的个性化服务，如图 5-6 所示。

图 5-6　金葵花理财

127 建设银行

"建行财富"系列理财产品是中国建设银行财富管理与私人银行部为满足私人银行客户、高资产净值客户的多样化理财需求而推出的，如图 5-7 所示。

"建行财富"系列理财产品的目标客户群体为具有较高金融资产，愿意追求较高收益并能承受相应风险的私人银行客户和高资产净值客户。该产品由建行专业投资团队设计并进行投资操作，通过完善的风险控制体系有效地降低产品风险。

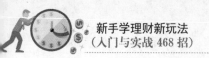

图 5-7　建行财富理财

"建行财富"系列理财产品多具有收益高、风险可控、起点较高的特点，根据产品结构不同可分为债券类、信托贷款类、新股申购类、股权投资类和证券投资类等类别系列产品。

128　光大银行

"阳光财富"是光大银行在阳光理财业务基础上，经历了业务不断发展，高端客户数量不断增长、需求更趋多样化和复杂化后适时推出的，专注为资产额 500 万元以上的个人客户提供财富管理服务，如图 5-8 所示。

图 5-8　阳光财富理财

阳光财富将在注重客户财富保护的前提下，从融资到投资，提供强大的金融资讯服务平台，特别是在目前动荡的金融市场环境下，阳光财富将以保证客户长期稳定获取投资收益为出发点，以更审慎的投资态度、更专业的投资手段，专注于阳光财富客户的资产增值。

5.3　实战：网上银行理财

网上银行理财，顾名思义就是商业银行金融机构开通本银行的网上业务，银行的用户可以根据银行的要求在网上买卖银行的理财产品。在虚拟的网络上就能够将自己的财富增值。这种方式不仅可以为银行节约成本，对用户而言也是极大的机会。

129　网上银行风险能力测评

商业银行会评估客户的风险承受能力，再从风险评估出来的结果从低到高制定出五个评级，依据客户的真实情况可再细分。

在客户首次购买银行理财产品之前，商业银行需要在自家银行网点给出一份风险承受能力评估。这份风险能力评估尽可能把客户年龄、理财经验、收支情况、理财目的、收益预期、承受风险能力、流动性要求等罗列进去。

如图 5-9 所示为交通银行的网上银行风险能力测评页面。

图 5-9　网上银行风险能力测评

用户在答完测试题后，单击"提交"按钮，即可显示结果，如图 5-10 所示。

图 5-10　网上银行风险能力测评结果

130　购买银行理财产品

用户登录工商银行网上银行后，通过"工行理财"功能购买银行理财产品，如图 5-11

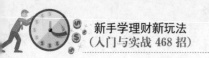

所示。

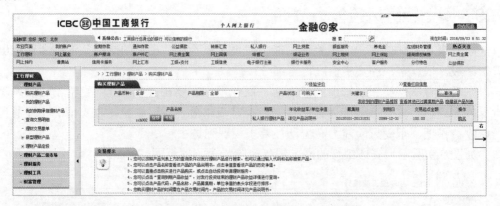

图 5-11　工商银行网上银行理财产品

用户可以在此选择要购买的银行理财产品，单击"购买"按钮进入"购买理财产品"界面，单击"确定"按钮即可，如图 5-12 所示。

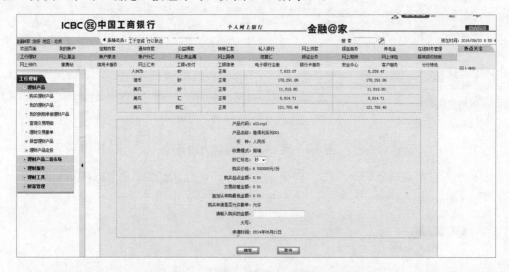

图 5-12　工商银行网上银行理财产品购买

131　卖出银行理财产品

如果用户觉得自己的银行理财产品价格不错或者其他原因想要卖出，那么单击"赎回"按钮进入"赎回理财产品"界面，单击"确认"按钮即可，如图 5-13 所示。

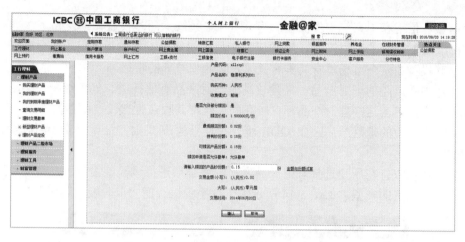

图 5-13　工商银行网上银行理财产品赎回

5.4　实战：手机银行理财

现在手机已经成为生活中不可缺少的一部分。由于手机自身的时时参与、人人参与等特点，越来越多的人愿意把时间放在手机上，手机也确实了方便大众的生活。现在很多企业也开始开通自家的手机业务。

银行金融机构很早就瞄准手机市场，它们也是最早一批在手机上开通银行理财业务的。手机理财业务不仅为银行积累了很多用户，为他们盈利多多，同时为用户提供了极大便捷服务，使二者达到双赢。

132　理财产品，手机银行购买效率高

理财产品即银行发行的理财产品，指的是银行接受客户的授权管理资金，投资收益与风险由客户或客户与银行按照约定方式承担。

以往用户购买理财产品的方式，都是去银行听工作人员长篇大论一番后，可能连自己购买的是哪种产品都不清楚。因此，用户若是在手机上购买理财产品，不但节约了时间，而且不会被其他人影响自己最初的投资目的。本节以工行手机银行为例，详解使用手机购买银行理财产品的方法。

133　手机银行风险能力测评

理财产品可根据投资领域、风险等级等进行分类，笔者从用户较为关注的风险与收益角度出发，将理财产品大致分为以下几种。

(1)　基本无风险的理财产品。这类理财产品主要是进行银行存款，或购买债券，

由于有银行信用和国家信用作保证，其风险水平最低，同时收益率也较低。

(2) 较低风险的理财产品。这类理财产品主要是投资各种货币市场基金或偏债型基金，其投资的两个市场本身就具有低风险和低收益率的特征。

(3) 中等风险的理财产品。风险较高的理财产品有信托类、外汇结构性存款、结构性理财产品等，这些理财产品都有较高的风险，其收益也远比定期存款高。

(4) 高风险的理财产品。如 QDII(境外投资机构)等理财产品就是属于高风险、高回报的类型。

多数手机银行在用户选择理财产品之前，都必须进行风险能力测评，帮助用户找到适合自己投资的类型。如图 5-14 所示为工行手机银行的"风险能力测评"功能。

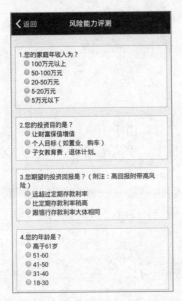

图 5-14　风险能力测评

134　购买银行理财产品

使用手机购买银行理财产品极为便利，用户开立理财产品账户后，即可自行购买，其方式如下。

用户确定需要购买的理财产品后，按上文所述方式进入理财产品详情界面并单击"购买"按钮，如图 5-15 所示。阅读理财产品协议后单击"下一步"按钮，如图 5-16所示，然后根据提示进行操作并支付即可完成理财产品的购买。

图 5-15 单击"购买"按钮

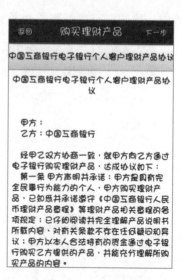

图 5-16 单击"下一步"按钮

135 查看产品并开立账户

用户了解自己的风险能力后，即可查看银行推出的理财产品，如图 5-17 所示。

图 5-17 进入"购买理财产品"界面

单击任意产品即可弹出"购买"菜单，如图 5-18 所示。单击"购买"按钮进入理财产品详情界面，用户可查看该产品的详情，如图 5-19 所示。未开通理财交易账户的用户，在理财产品详情界面单击"购买"按钮后，会弹出确认开户的对话框，单

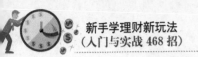
击"确定"按钮即可进行账户开通操作。

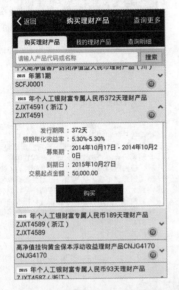

图 5-18　弹出"购买"菜单

图 5-19　查看详情

5.5　投资银行理财产品技巧

投资者在选择银行理财产品时，对自己要有一个清醒的认识。由于银行理财产品分为保本型和非保本型，所以投资者应该对自己的风险承受能力和资产状况作出清晰地评估，合理选择理财产品。

136　投资前应做的准备工作

在投资之前做好准备工作是非常有必要的，而综合评估与分析能够更好地将你的投资风险降到最低。但是很多人都比较缺乏理财意识，只想着把钱放在银行里面获得一点点利息，其实就算是储蓄也是有方法的。总而言之，在开始理财之前，投资者要做好资金、知识和心理三方面的准备工作。

1．资金准备

投资者进行投资前，要明确自己的理财目标以及资金可投资的期限。一般来讲，一个家庭至少要保留 3 个月到 6 个月的紧急备用金在存款账户或投资于货币市场基金，以备不时之需。建议以投资者扣除了紧急备用金和家庭固定支出(如房贷、车贷等必要支出)后的净收入作为基础，投资理财产品占比不超过 50%。其余可投资资金，根据分散投资的原则，可投资于保险、资本市场、债券市场、黄金等渠道。

2．知识准备

在投资前，投资者应该熟悉和掌握理财投资基本知识和基本操作技能，最重要的就是详细了解各个方面的有利信息和不利信息，并进行综合评估与分析，力争将风险降到最低。这就需要知晓一些投资理财的知识和及时获取理财产品的信息。

3．心理准备

投资市场人来人往、潮起潮落，是纷纭嘈杂世界的缩影。所有的理财交易都有买有卖，有盈有亏，既给你失败的烦恼，又带来成功的喜悦。因此，想要笑傲投资市场，除了应该掌握经济金融、操作分析等学术知识，还要做些相应的常识上和心理上的准备，锻炼自己不惧风险、知足常乐的心境。

137　选择合适的理财产品

常言道：鞋大鞋小，只有自己的脚知道。当前理财观念深入人心，很多人都希望通过购买银行理财产品实现财产保值增值。那么，投资者该如何选择合适的理财产品？

1．了解自己

个人投资者在购买理财产品前要首先了解自己的财务状况、风险偏好、风险承受能力和收益、流动性的需求等。一般来讲，财务实力雄厚、有较高的风险偏好并且风险承受能力较强的个人客户可以购买风险较高的理财产品，同时可以追求较高理财收益；而财务实力较弱、风险偏好弱(甚至厌恶风险)并且风险承受能力较差的客户比较适合于购买低风险产品。

2．了解产品

完成"了解自己"的步骤后，投资者还需要了解理财产品的特性。市场规律表明，投资品的预期收益一般与风险成正比，也与期限成正比。即在其他条件相同的情况下，高风险的产品一般会提供较高的预期收益，低风险产品提供的预期收益往往较低；同时，在其他条件相同的情况下，期限长的产品提供的预期收益要高于期限短的产品，以弥补投资者的流动性损失。

3．精准匹配

在做好"了解自己"和"了解产品"两个步骤后，投资者最后需要做的就是精确匹配自身的理财需求和合适的理财产品。投资者购买产品前，可向银行的客户经理详细询问产品的相关特性，并接受银行提供的风险承受能力测评，根据测评结果更好地了解自身的风险承受能力，并选择适合自己的理财产品。

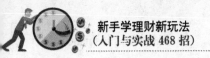

138 按生命周期选择产品

生命周期理论认为投资人处在不同的生命周期，会持有不同的投资理念和投资策略。一般来讲，年轻人的投资理念相对比较激进，随着年龄的增长，投资人的理念会越来越保守。

如表 5-1 所示为不同年龄阶段适合的理财产品选择。

表 5-1 不同人生阶段的理财产品选择

人生阶段	风险偏好	社会阶段	投资目标	理财组合建议
20～30 岁	冒险投资	事业起步，单身日常消费、积极积累财富	创造财富高收益	高风险 60%，中等风险 25%，低风险 10%，安全流动型 5%
30～40 岁	冒险投资	事业起飞，筹措房款、子女教育金，收入开支增加	创造并积累财富中高回报	高风险 50%，中等风险 30%，低风险 10%，安全流动型 10%
40～60 岁	稳健投资	事业高峰，经济负担减轻、税负问题，提早退休准备	创造并积累财富中高回报	高风险 30%，中等风险 30%，低风险 15%，安全流动型 15%
60 岁以上	保守投资	享受生活，生活及医药开支增加	保本稳定收益	高风险 10%，中等风险 15%，低风险 40%，安全流动型 35%

139 银行柜台购买

银行柜台购买的步骤如下。

(1) 预约理财经理并携带相应的证件：客户需持本人有效身份证原件、理财资金，由他人代办的，代办人需持本人及代理人有效身份证件和委托授权书。

(2) 进行风险属性测评，并与理财经理沟通投资意愿：在理财经理的指导下，完成风险属性测评问卷，计算出自己的风险承受能力，并充分与理财经理沟通自己的投资背景、投资意向，理财经理将根据客户的实际情况制订合理化方案。

(3) 详细了解所推荐理财产品的收益、结构和风险：客户要仔细阅读产品说明书，并请理财经理做进一步的解释，确保明白产品的结构、提前终止要求、保本水平、收益实现条件、面临的风险、产品信息的查询途径及其他各项要素。对于风险评级较高的产品，要完成针对此产品设计的适合度问卷，再次测试投资者对此产品重要信息的知晓程度和适合度。

(4) 签署产品说明及协议书，完善/更新联系方式：在确认充分了解产品的各项信息后，按照监管部门要求，客户需抄录知晓产品风险的声明，并对产品说明书及协议书签字确认。

客户在购买理财产品前，应尽可能准确和全面地留下联系方式。老客户在个人信息发生变更后，也要主动提醒理财经理为投资者做更新。

(5) 办理相关业务，并对回单上的信息进行再次确认：客户需持本人签字的产品说明书(两份)、协议书(一式三联)及身份证原件、理财资金到柜台办理购买手续，并对柜员返回的产品说明书和协议书等回单上的信息进行再次确认，确保返回文件盖章完整、份数齐全且信息无误后，再离开网点。

140 网银购买

购买网银理财产品主要有以下三个步骤如下。

(1) 签约：投资者购买理财产品，首先需要在柜面进行签约开通网上银行渠道，之后需要登录网上银行开通网银渠道。

(2) 认购和申购：投资者在理财产品募集期间，尚未完成建仓前购买理财产品称为认购；申购则是在理财产品募集完成、封闭期结束以后(即开放期)买入。

(3) 赎回与撤单：理财产品赎回是对已经认购或申购的产品进行赎回操作；撤销是指对当天已经提交的申购、认购、赎回操作进行撤单处理。

141 银行理财存在的风险

银行理财产品的风险包括汇率风险、系统风险和人为风险等多个方面。

1. 汇率风险

以银行保本浮动收益型产品为例，此类产品宣传点是保证本金、风险自担，运作方式是将大部分资金投入债权或者存款，小部分投入股票或者基金或者黄金期货进行炒卖，股票市场这两年来整体走势震荡，投资难度加大，这也就意味着，投资该产品也存在很大的风险。如果提前赎回此类产品，还会亏损本金。同时，这种类型的产品投资币种除了人民币外，还有外币。假如投资期间，外币对人民币的汇率降低，投资者不但得不到收益，还会面临亏损本金的风险。

2. 系统风险

银行系统扮演的角色较为主动，因此银行的经验、技能、判断力、执行力等都可能对产品的运作及管理造成一定影响，并因此影响客户收益水平。银行客观上有调节特定时段理财产品收益率的空间，银行只要确保付给投资者的加权平均收益率不要高过资金池的加权平均收益率。假设银行给投资者是3%，但运作下来可能是5%，剩下的两点就都进入银行口袋了。

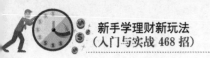

3．人为风险

从理财的角度来说，任何机构或个人对市场走势的判断是不可能百分之百准确的，理财产品会有一定的可能性实现零收益或者负收益。

142　银行理财产品常见误区

相对于证券市场和银行储蓄而言，银行理财产品具有收益和风险适中、保值能力强的特点。但是，要实现利益最大化，投资者就应在购买银行理财产品时避免以下几个误区。

1．被高收益所吸引

市面上绝大多数理财产品的收益情况与投资对象的市场表现直接挂钩，理财产品说明书上的利率实际只是预期收益，即是预测投资该产品在一定期限内可能得到的回报收益，并非一定能得到该高额的收益。

2．银行理财肯定是合法的

面对千差万别的理财产品，投资者必须明晰高收益理财产品背后的法律风险。尤其是针对高收益的理财产品，投资者更应当了解清楚银行的投资范围和对象等，否则一旦银行资金投向违规，被监管部门处罚，投资者权益也必然受损。

3．新兴渠道收益更高

短信、微信、微博正在成为理财产品销售的新兴渠道。值得投资者注意的是，通过这些交流平台，仔细了解销售人员强调的高收益率，对于亏损风险要有明确提问，请对方说明。其中，收益率为浮动区间的理财产品时，请重点了解"年化收益""最高收益"等重要描述。并注意这些"承诺"是否落实在理财合同中，对于双方是否产生法律约束力。

第6章

P2P 理财：未来主流方式

学前提示

P2P 是一种新型的民间筹款方式，它涉及的金额数量不多，适用人群也是普通大众。普通大众急需一笔小额资金，而无法得到金融机构的放贷，因而通过向民间筹款提供一笔资金给借款人。P2P 理财现在也逐渐得到了理财者的喜爱。

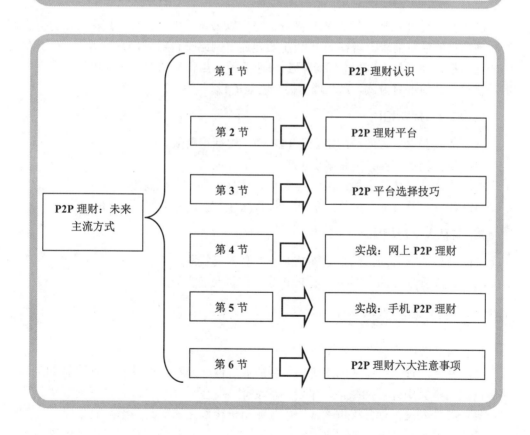

P2P 理财：未来主流方式

第1节	⇒	P2P 理财认识
第2节	⇒	P2P 理财平台
第3节	⇒	P2P 平台选择技巧
第4节	⇒	实战：网上 P2P 理财
第5节	⇒	实战：手机 P2P 理财
第6节	⇒	P2P 理财六大注意事项

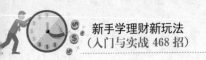
6.1　P2P 理财认识

随着互联网金融的火热发展，网上理财已经被百姓所熟识，而 P2P 理财更是受到众多网民的追捧，近两年发展十分快速的，并受到越来越多人的青睐。

143　P2P 理财的定义

所谓 P2P，是"Peer-to-Peer"的缩写，Peer 在英语里有"(地位、能力等)同等者""同事"和"伙伴"等意义，因此 P2P 可以理解为"伙伴对伙伴"的意思，或称为对等联网。

P2P 理财源于 P2P 借贷。P2P 借贷是将非常小额度的资金聚集起来借贷给有资金需求人群的一种民间小额借贷模式。

144　P2P 理财的优点

P2P 理财又叫 P2P 信贷或 P2P 借贷，是指以公司为中介机构，把借贷双方对接起来实现各自的借贷需求。现在的 P2P 主要是通过网络平台对接供方与需方，做到信息的快速对接，使得投资和融资需求得到快速匹配，虽说目前法律风险弊端较为明显，但是相对于其他理财方式，P2P 理财拥有明显的投资优势。

1．与银行理财相比

(1) "收益率"方面：网络融资 P2P 高、银行理财低。

(2) 抵押担保方面：网络融资 P2P 有、银行理财无。

(3) 真实项目挂钩方面：网络融资 P2P 清楚、银行理财糊涂。

(4) 流动收益方面：网络融资 P2P 按月(季)付息、银行理财到期付息。

2．与私人借贷相比

(1) 议价能力方面：网络融资 P2P 强、私人借贷弱。

(2) 风险管理方面：网络融资 P2P 专业、私人借贷业余。

145　P2P 理财的缺点

P2P 网络借贷的缺点主要表现在以下三点。

(1) 缺乏监管依据：从网络借贷平台的业务性质来看，可以将 P2P 借贷归类为网络版的民间借贷中介。网络借贷平台的活动始终处于法律的边缘，缺乏对其进行监管的依据，各地人民银行分支机构或银监会派出机构都无法对其实施有效监管。

(2) 风险自己承担：鉴于网络方式的虚拟性，借贷双方的资信状况难以完全认证，容易产生欺诈和欠款不还的违约纠纷，而风险需放贷方自己承担。

（3）易引发社会问题：由于网络借贷需要大量的实名认证，借款人的身份信息及诸多重要资料留存在网上，一旦网站的保密技术被破解，资料泄露可能会给借贷双方带来重大损失。

146　P2P 理财的三种担保

关于 P2P 理财的担保方式通常包括无担保、风险保证金补偿、公司担保这三种类型。

（1）无担保：顾名思义，无担保方式就是没有风险担保措施或保证金，对于无担保的方式，投资者需根据自己的风险偏好进行取舍。

（2）风险保证金补偿：所谓风险保证金补偿，是指平台公司从每一笔借款中都提取借款额的 2%作为风险保证金，独立账户存放，用于弥补借款人不正常还款时对投资者的垫付还款。风险保证金不足弥补投资者损失时，超出部分由投资者自行承担，但投资者可以自行或委托 P2P 公司向违约人追偿剩余损失。

（3）公司担保：采用公司担保方式的 P2P 借贷目前数量不多，直觉上大家会认为由公司提供担保会很安全，但却未必，提供担保的公司自身出现问题、丧失担保能力在各个行业领域都是常有的事。

6.2　P2P 理财平台

曾有一个调查显示：中国注册登记为担保、金融咨询的公司中，从事民间借贷的中介业务的有上万家，可是比较成功和规范的只有寥寥几家，下面对市场上常见的 P2P 理财平台进行详细介绍。

147　人人贷平台

所谓"人人贷"，即是 P2P(Peer to Peer)借贷的中文翻译，同时也是一家 P2P 网络信贷平台的名称，由人人贷商务顾问(北京)有限公司于 2010 年 4 月创办，为借贷双方提供 P2P 网络信贷信息服务。

人人贷模式的特点如下。

（1）直接透明。出借人与借款人直接签署个人间的借贷合同，一对一地互相了解对方的身份信息、信用信息，出借人及时获知借款人的还款进度和生活状况的改善，最真切、直观地体验到自己为他人创造的价值。

（2）信用甄别。在人人贷模式中，出借人可以对借款人的资信进行评估和选择，信用级别高的借款人将得到优先满足，其得到的贷款利率也可能更优惠。

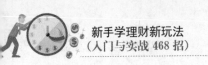
(3) 风险分散。出借人将资金分散给多个借款人对象，同时提供小额度的贷款，以人人贷网站为例，投资人出借 1000 元，最小投标金额 50 元，出借给 20 个有资金需求的个人，风险得到了最大程度的分散。

148 宜人贷平台

宜信公司创建于 2006 年，总部位于北京，是一家集财富管理、信用风险评估与管理、信用数据整合服务、小额借款行业投资、小微借款咨询服务与交易促成、公益理财助农平台服务等业务于一体的综合性现代服务业企业。

宜人贷平台的三大优势如下。

(1) 专业的信审服务。宜人贷拥有一支业内最大、人员规模超过 300 人的信用管理团队。同时，宜人贷引进国际上最先进的 FICO 信用评分系统，为借款人和出借人双方提供专业、权威的信用管理服务。

(2) 强大的客服团队。宜人贷拥有一支 100 余人的客户服务团队，能够以最快的速度为客户提供满意的服务。

(3) 安全的借贷平台。宜人贷为出借资金的理财客户提供业内最佳的本金保障制度，包括对符合一定条件的客户提供 100%的本金保障措施，避免客户资金损失。

149 拍拍贷平台

拍拍贷成立于 2007 年 6 月，是中国首家 P2P(个人对个人)纯信用无担保网络借贷平台。网站隶属于上海拍拍贷金融信息服务有限公司，公司总部位于上海。

拍拍贷的三大优势如下。

拍拍贷定位于一种透明阳光的民间借贷，是中国现有银行体系的有效补充。拍拍贷具有如下一些独特之处。

(1) 一般为小额无抵押借贷，覆盖的借入者人群一般是中低收入阶层，现有银行体系覆盖不到，因此是银行体系的必要的和有效的补充。

(2) 借助了网络、社区化的力量，强调每个人来参与，从而有效地降低了审查的成本和风险，使小额贷款成为可能。

(3) 平台本身一般不参与借款，做得更多的是信息匹配、工具支持和服务等一些功能。

150 信而富平台

信而富(CRF)总部设在上海，目前已在全国设立 50 多家分公司，为广大客户提供风险评估和理财咨询服务。

信而富的业务服务过程公开、透明，信而富 P2P 信贷咨询服务平台基于个人信用与商业信用，打造阳光、安全、规范的借贷行为。

信而富的业务特点如下。

(1) 直接透明。出借人与借款人直接签署个人间的借贷合同，一对一地相互了解对方的身份信息、信用信息，出借人及时获知借款人的还款进度和生活状况的改善，最真切、直观地体验到自己为他人创造的价值。

(2) 信用评估。在 P2P 模式中，出借人可以对借款人的资信进行评估和选择，信用级别高的借款人将得到优先满足，其得到的贷款利率也可能更优惠。

(3) 风险分散。出借人将资金分散给多个借款人对象，同时提供小额度的贷款，风险得到了最大程度的分散。

6.3 P2P 平台选择技巧

投资者们在选择投资平台时应该是最慎重的，一个平台适不适合去投资，投资者们要深入地了解一下。因为只有选择了合适的平台，才能做到合理理财，更好地规避风险，避免出现如图 6-1 所示的情况。

图 6-1 谨慎选择 P2P 平台

151 P2P 平台背景

风控能力，是 P2P 网贷平台生存的关键。自有资金实力，是一个平台的直接数字证明。虽然行业绝大多数宣传，平台本息担保，100%无风险，但大多数公司的自有资金是有限的，能支持多大的交易规模，仍是个问题。投资者在选择时候通常优先考虑，但这对于一个平台来说，并不是一个关键资本。平台能否稳操胜算，主要是平台是风控能力和模式。拥有强大风险控制能力的平台，才是投资者的首选。

152 P2P 平台模式

借款人来源，直接反映了一个平台的模式。在我国，由于个人征信体系的不完善

等诸多原因，平台评估哪些人可以成为借款人是平台发展一个关键因素。借款人主要分为两大类：有信用的和有抵押物的。

选择有抵押的人作为借款人，基本可以保障 100% 安全。但信用借款人，主要以征信单、房产证、收入证明等作为评估参考依据，其风险仍存在，不可能完全避免。这也就需要投资者在选择平台时，认清平台的模式，弄明白借款人的来源，降低借款投资的风险。

153　P2P 平台成立时间

由于目前 P2P 贷款平台的成立门槛较低，几个合伙人注册一家"信息科技"公司，再做一个网站就可以开业，所以在财富的示范效应下，P2P 平台曾经于 2010—2011 年迎来了大爆发，但是同时淘汰掉的也不少，所以选择 P2P 贷款一定要看它的成立时间。能够在长时间的市场"大浪淘沙"中存活下来的，自然在公司经营方面有过人之处。

154　P2P 平台资金流动

目前，P2P 平台由于没有贷款牌照，还属于民间借贷，借贷资金的进出往往要通过网站创始人的个人账户或公司账户进行，为了规避风险，目前大部分 P2P 平台都选择和第三方支付平台合作，模式为 P2P 公司在第三方支付平台开一个公司账户，出借人的钱打进公司账户，P2P 网站再把钱打给贷款人。尽管这还达不到款项直接从出借方的第三方支付账户到达借入方的第三方支付账户的理想模式，但已经在相当程度上规避风险了。

155　P2P 平台本金保障

各个不平的 P2P 平台的本金保障基本相同，也就是当坏账总金额大于收益总金额时，会在一定时间内(一般是三个工作日内)赔付差额，保障本金可以全额收回。目前大部分 P2P 网站的本金保障措施对于出借方是不另外收取费用的，但是出借人在借出时，要注意有"本金保障"字样的贷款项目。同时还要看本金保障的范围，有的网站是只赔本金，有的可以赔付本息。

6.4　实战：网上 P2P 理财

P2P 网贷平台使用并不困难，主要分为投资、贷款两大部分。本节以操作讲解为主，将以红岭创投为例，教大家使用 P2P 网贷平台进行贷款融资具体操作(以红岭创投为例)。

156　注册账户

使用红岭创投 P2P 平台，首先登录官网(http://www.my089.com/)，打开官网首页页面，找到如图 6-2 所示的"免费注册"按钮单击，便可进行账号注册。单击"免费注册"按钮后，切换资料填写页面。

图 6-2　单击"免费注册"按钮

157　手机绑定

注册成功后，为了以后的操作更方便，使用更安全，必须要绑定手机，如图 6-3 所示。

单机"立即绑定手机"按钮，切换至手机绑定页面。输入手机号码，单击获取验证码，待手机接收验证码，然后输入到框中，确认后就可以完成，如图 6-4 所示。

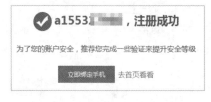

图 6-3　红岭创投账户注册成功

图 6-4　红岭创投手机绑定

158　填写信息

完成以上信息后，在主页的最右上角有一个会员登录按钮，单击该按钮，切换至会员登录界面，输入密码账号登录账户来完善信息，如图 6-5 所示。

您需要按以下步骤来完善账户信息：（注：蓝色代表已完成项；橙色代表当前正在进行项；灰色代表未完成项；）
1 注册会员
2 绑定或修改手机
3 实名认证
4 设置或修改密码
5 绑定银行卡

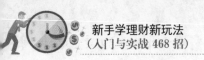

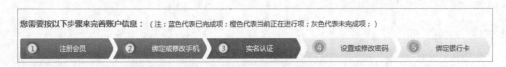

图 6-5　红岭创投需完善的个人信息

159　实名认证

实名认证是对用户资料真实性进行的验证审核，以便建立完善可靠的互联网信用基础，具体操作如下。

在个人中心界面上，有一个安全设置表，在表中找到“实名认证”项，单击设置链接，具体如图 6-6 所示。单击“设置”按钮后，界面切换至实名认证页面，选择中国大陆居民身份验证，进入资料输入界面，单击“立即验证”按钮完成操作。

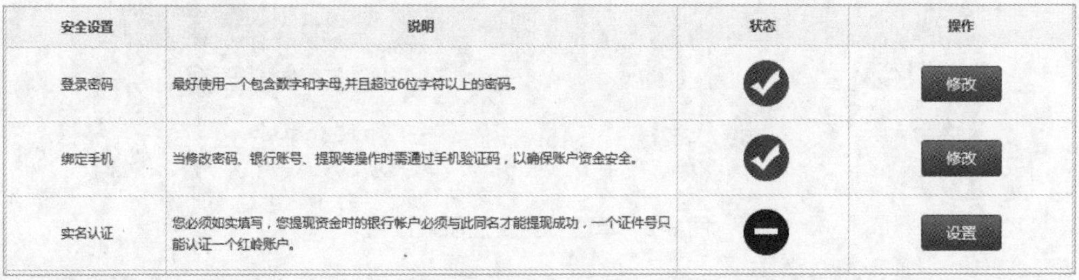

安全设置
说明
状态
操作
登录密码
最好使用一个包含数字和字母,并且超过6位字符以上的密码。
修改
绑定手机
当修改密码、银行账号、提现等操作时需通过手机验证码，以确保账户资金安全。
修改
实名认证
您必须如实填写，您提现资金时的银行帐户必须与此同名才能提现成功，一个证件号只能认证一个红岭账户。
设置

图 6-6　实名认证操作

160　设置密码

这里的交易密码，是指企业仅在交易时使用的密码，如企业申请贷款或投资理财，进行交易时使用的密码，与账户登录密码不同。交易密码设置的具体操作如下。

同上述实名验证操作一样，在个人中心的安全设置表中找到交易密码项，单击设置按钮，如图 6-7 所示。打开密码设置界面，输入对应的信息，单击“确定”按钮，完成设置交易密码操作。

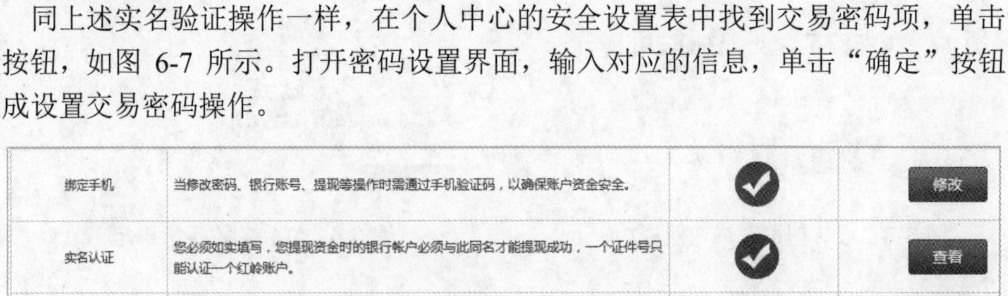

绑定手机
当修改密码、银行账号、提现等操作时需通过手机验证码，以确保账户资金安全。
修改
实名认证
您必须如实填写，您提现资金时的银行帐户必须与此同名才能提现成功，一个证件号只能认证一个红岭账户。
查看
交易密码
最好使用一个包含数字和字母和符号,并且超过6位字符的密码。 建议不要和登录密码相同。
设置

图 6-7　打开设置交易密码界面

161　绑定银联

在红岭创投进行网上交易，您必须至少绑定一张您本人开户的银行卡作为提现的银行卡，其具体操作如下。

在安全设置表中找到，"绑定银行卡"选项，单击"绑定"按钮，如图 6-8 所示。

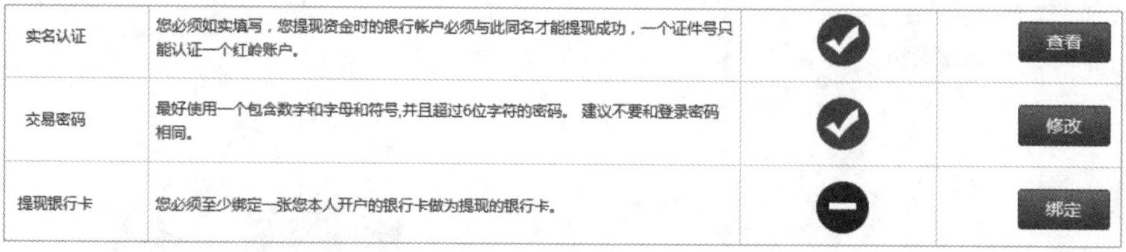

实名认证	您必须如实填写，您提现资金时的银行帐户必须与此同名才能提现成功，一个证件号只能认证一个红岭账户。	✔	查看
交易密码	最好使用一个包含数字和字母和符号，而且超过6位字符的密码。建议不要和登录密码相同。	✔	修改
提现银行卡	您必须至少绑定一张您本人开户的银行卡做为提现的银行卡。	➖	绑定

图 6-8　打开绑定银行卡界面

单击"绑定"按钮后，界面切换为银行卡管理界面，单击"添加银行卡"按钮，打开银行卡信息录入窗口，输入相关信息后单击"保存"按钮，并设为默认银行卡即完成操作。

162　参与融资

P2P 网贷平台最大的特点自然是贷款功能，而 P2P 网贷相比于传统银行贷款，最大的优势就是无须抵押。作为融资人，贷款才是最终目的。

6.5　实战：手机 P2P 理财

P2P 手机理财是非常方便、快捷、高效的。一些个体户和小公司基本是些青年人，他们经营时出现资金回流慢、周转不过来的情况，就亟须一些高效、快捷、简单的资金借贷渠道。很显然 P2P 理财很适合他们。

163　"拍拍贷"安装

下面以"拍拍贷"为例，介绍手机安装 P2P 应用的方法。下载安装"拍拍贷"软件，首先打开手机里的"软件商店"，搜索"拍拍贷"，如图 6-9 所示。显示详情界面，选择"免费下载"，如图 6-10 所示。

下载过程中，手机会显示下载的进度，如图 6-11 所示。下载完毕系统自动安装程序，如图 6-12 所示。之后弹出下载安装成功页面，如图 6-13 所示。

图 6-9　搜索"拍拍贷"

图 6-10　选择"免费下载"

图 6-11　显示下载进度

图 6-12　自动安装

图 6-13　安装成功

164　"拍拍贷"登录

下面以"拍拍贷"为例，介绍手机 P2P 应用的登录方法。下载完软件后打开主界面，单击"登录/注册"按钮，如图 6-14 所示。然后单击"注册"按钮，如图 6-15 所示。输入手机号、验证码和设置密码，如图 6-16 所示。

注册登录过程中会显示出定位界面，设置所在地的省份和城市，如图 6-17 所示。再设置身份属性，如图 6-18 所示。

图 6-14　单击"登录/注册"按钮

图 6-15　单击"注册"按钮

图 6-16　输入信息

图 6-17　定位界面

图 6-18　设置身份属性

165　信息认证

　　下面以"拍拍贷"为例，介绍手机 P2P 应用的信息认证方法。在登录之后，显示"实名认证"界面，如图 6-19 所示。再输入姓名、身份证号、邮箱、文化程度，如图 6-20 所示，单击"立即认证"按钮即可。

图 6-19　实名认证

图 6-20　输入信息

166　绑定银行卡

下面以"拍拍贷"为例，介绍手机 P2P 应用的绑定银行卡方法。信息认证完需要银行卡绑定，"银行卡绑定"界面，如图 6-21 所示。之后选择银行，并且输入银行卡号、开户省份、手机号、验证码，如图 6-22 所示。

图 6-21　银行卡绑定

图 6-22　输入信息

167　投资理财

下面以"陆金所"为例，介绍手机 P2P 应用的投资理财方法。用户登录陆金所主页后，单击"投资理财"按钮，如图 6-23 所示。进入"投资理财"页面，选择"新客"专区，如图 6-24 所示。

图 6-23　单击"投资理财"按钮

图 6-24　选择"新客"专区

　　选择理财产品，如图 6-25 所示。显示项目详情，单击"立即投资"按钮，如图 6-26 所示。

图 6-25　选择理财产品

图 6-26　单击"立即投资"按钮

168　还款

　　还款是 P2P 项目里必不可少的一个环节，有借就有还，还款的及时与否关系到个人的信用问题，这是至关重要的。

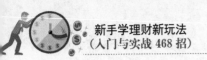

下面以"宜人贷"为例，介绍手机 P2P 应用的还贷方法。还贷时，先打开"宜人贷"App 首页，如图 6-27 所示。选择"我的还款"，如图 6-28 所示。立即单击"去申请"按钮，如图 6-29 所示。

图 6-27　打开"宜人贷"　　图 6-28　选择"我的还款"　　图 6-29　单击"去申请"按钮

169　提升额度

下面以"拍拍贷"为例，介绍手机 P2P 应用提升额度的方法。想要查看额度提升，首先打开"拍拍贷"首页，选择"提升额度"显示"社交信用等级"界面，选择社交平台，如图 6-30 所示。

图 6-30　打开"拍拍贷"首页

再在显示"身份信用等级"界面，选择授权方式，如图 6-31 所示。显示"人工审核"界面，单击"单击人工审核"按钮，如图 6-32 所示。

图 6-31　选择授权方式

图 6-32　单击"单击人工审核"按钮

然后在显示"上传身份证"界面中，添加身份证正反面以及本人手持身份证的图片，如图 6-33 所示。

图 6-33　上传身份证

6.6 P2P 理财六大注意事项

近年来，P2P 公司如雨后春笋般纷纷在市场涌现，P2P 企业正在以 400%的增长率迅速扩充市场，P2P 理财因其收益可观，风险较低等特点受到了投资理财爱好者的广泛关注。与此同时，由于 P2P 准入门槛较低，导致在 P2P 平台迅速发展的同时，风险也逐渐增加。投资者在选择 P2P 平台时有何需要注意的事项？对于投资中的风险又如何规避呢？

170   降低风险，多种投资

俗话说：鸡蛋不能放在同一个篮子里，P2P 平台为小额资金的分散投资提供了可能，根据经济学原理，每位借款人的还款是独立性极强的事件，这样风险就被分散。

例如，投资者将 1 万元借给一个借入者，假设违约率为 1%，一旦出现那 1%的概率，那么所承受的风险将是 100%，但是如果将 1 万元分成 100 元一笔，借给 100 个违约率为 1%的借款人，在这种投资方式下损失本金的概率将会变得非常低。因此，建议投资者在 P2P 理财时，应该将资金至少分散投资给 10 人或更多的人，通过分散投资来降低风险。

171   先熟圈子，再去理财

同其他 P2P 网站中的借款人是独立的个体相比，在 P2P 借款人不是完全孤立的，在注册的时候需要选择加入一定的圈子或者和其他会员进行邀请好友的关联，这样可以确保借款人的真实性，同时也具备一定的关联性。选择自己熟悉的圈子，如校友圈子、同城圈子，跟自己同类型或同区域的人群产生圈内借贷关系比投资给其他不在一个区域的陌生人会更安全。

172   硬件设备，安全保障

定期进行完全补丁更新，安装防病毒软件及个人防火墙，特别要注意间谍软件，间谍软件往往作为某些服务的免费下载程序的一部分下载到个人计算机中，或在未经同意或未知晓的情况下被下载到计算机中。

间谍软件能够监测和搜集用户的上网信息，比如获取输入的个人信息，包括密码、电话号码、信用卡账号及身份证号码。因此强烈建议投资者安装并使用较有信誉的反间谍软件产品以保护您的计算机免受间谍软件的侵害。

173　多重密码，小心保管

一般来说，P2P 平台的密码分为登录密码和资金交易密码，双重密码都是为了保障投资者的资金安全。密码相当于上网的钥匙，投资者必须牢记密码并做好保密工作。密码可以是任何字符，包括数字、字母、特殊字符等。长度在 6～16 位之间，区分英文字母大小写，因此密码最好是包含字母、数字、特殊字符的组合，不要设置成常用数字，如生日、电话号码等，也不要设为一个单词。密码的位数应该超过六位，要经常修改密码，并为网上理财服务设置独立的密码。

174　坚决抵制私下交易

用户应避免尝试私下交易。私下交易的约束力极低，不受《合同法》的保护，造成逾期的风险非常高，同时个人信息将有可能被泄露，存在遭遇欺骗甚至受到严重犯罪侵害的隐患。网站将不为任何会员间的私下交易承担垫付。

175　慎选理财，风险把握

要看所选择 P2P 理财产品的平台是否规范，是否有一套完善的风险管控技术，是否有抵押，是否有一套严格是信审流程，是否有一个成熟的风险控制团队，是否有还款风险金，是否每一笔的债权都是非常透明化，是否每个月都会在固定的时间给客户邮寄账单和债权列表等，以上是非常重要的一些问题，所以客户在进行选择的时候一定要了解清楚。

第 7 章

储蓄理财：最稳健赚钱的门道

学前提示

　　储蓄理财，是通过银行金融机构完成的。储蓄是理财中为大家所普遍知晓的理财工具，它具有稳健、简单的特点。目前储蓄的种类也有很多。理财初学者应该根据自身条件作出选择，为自己的资产增值。

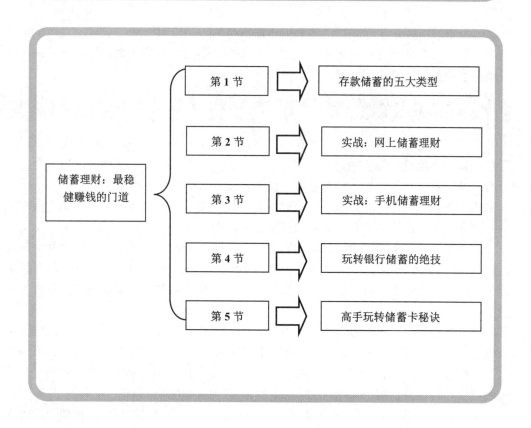

储蓄理财：最稳健赚钱的门道		
	第1节	存款储蓄的五大类型
	第2节	实战：网上储蓄理财
	第3节	实战：手机储蓄理财
	第4节	玩转银行储蓄的绝技
	第5节	高手玩转储蓄卡秘诀

7.1 存款储蓄的五大类型

根据存款的支取方式不同，个人储蓄存款可以划分为活期存款、定期存款、定活两便、通知存款、教育储蓄等。

176 活期储蓄存款

活期储蓄存款是一种没有存取日期约束也没有存取金额限制的储蓄，随时可取、随时可存。按其存取方式，活期储蓄存款又可分为活期存折储蓄、活期支票储蓄、定活两便储蓄等。

(1) 活期存折储蓄存款：1 元起存，由储蓄机构发给存折，凭存折存取，开户后可以随时存取的一种储蓄方式。

(2) 活期支票储蓄存款：是以个人信用为保证，通过活期支票可以在储蓄机构开到的支票账户中支取款项的一种活期储蓄，一般 5000 元起存，也是一种传统的活期储蓄方式。

(3) 定活两便储蓄存款：由储蓄机构发给存单(折)，一般 50 元起存，存单(折)分记名、不记名两种、存折须记名，记名式可挂失，不记名式不挂失。计息方法统一按《储蓄管理条例》的规定执行。

177 定期储蓄存款

定期存款是银行与存款人双方在存款时事先约定期限、利率，到期后支取本息的存款。储户存款时同银行约定存款期限，一次或分次存入，一次或多次取出本金或利息的一种储蓄。存期越长，利率越高。定期存款可以分为以下四种。

(1) 整存整取：整存整取指开户时约定存期，整笔存入，到期一次整笔支取本息的一种个人存款，这是目前最常见的定期存款品种。

(2) 零存整取：零存整取指开户时约定存期、分次每月固定存款金额(由您自定)、到期一次支取本息的一种个人存款。开户手续与活期储蓄相同，只是每月要按开户时约定的金额进行续存。储户提前支取时的手续比照整存整取定期储蓄存款的有关手续办理，一般 5 元起存。

(3) 整存零取：整存零取指在存款开户时约定存款期限、本金一次存入，固定期限分次支取本金的一种个人存款。存款开户的手续与活期相同，存入时 1000 元起存，存期分 1 年、3 年、5 年。支取期分 1 个月、3 个月及半年一次，由客户在开户的时候与银行约定。

(4) 存本取息：存本取息是指一次存入本金，分期远行支取利息，到期一次性支取本金的储蓄种类。存本取息 5000 元起存，存期分 1 年、3 年、5 年，支取利息分 1 个月、3 个月、半年、1 年一次，由储户在开户时约定。

178 定活两便储蓄存款

定活两便是一种事先不约定存期，一次性存入、一次性支取的储蓄存款。储户在开户时不约定存期，可随时到银行提取存款，银行根据客户存款的实际存期按相应档次的定期存款利率六折计息，兼有定期和活期两种性质的储蓄业务。

179 通知储蓄存款

储户在存入款项时不约定存期，支取时事先通知银行，约定支取存款日期和金额的一种个人存款方式。最低起存金额为人民币 5 万元，储户在存入款项开户时即可提前通知取款日期或约定转存存款的日期和金额。个人通知存款需一次性存入，可以一次或分次支取，但分次支取后账户余额不能低于最低起存金额，当低于最低起存金额时银行给予清户，转为活期存款。

180 教育储蓄存款

教育储蓄是为鼓励城乡居民以储蓄的方式，为其子女接受非义务教育积蓄资金，促进教育事业发展而开办的储蓄。教育储蓄的对象为在校小学四年级(含四年级)以上学生。

7.2 实战：网上储蓄理财

网上银行英文名称(Internetbank or E-bank)具有两种的含义：机构概念，开办网上业务的银行；业务概念，银行金融机构通过网络平台开办网络信息银行业务。

本节以工商银行网上银行为例，介绍 B2C 支付、账户管理、定期存款、通知存款、转账存款、网上贷款、网上挂失、工行理财等网上银行的功能。

181 B2C 网上支付

B2C 网上支付业务是指企业(卖方)与个人(买方)通过互联网上的电子商务网站进行交易时，银行为其提供网上资金结算服务的一种业务。目前 ICBC 个人网上银行的 B to C 在线支付系统是 ICBC 专门为拥有工行牡丹信用卡账户，并开通网上支付功能的网上银行个人客户进行网上购物所开发的支付平台。

如图 7-1 所示为工商银行的 B2C 在线支付业务。

订单信息 | 网银支付 工银e支付

1. 请仔细核对左侧订单信息，再输入卡（账）号和验证码

商城名称： B2C商城LYJ
订单金额： RMB 1.20
　订单号： 20130813171842
　订单时间： 2017-03-21 17:18:42
订单商户备注： 这里可以输入50个汉字
　商城提示： 这里可以输入60个汉字，
　　　　　　不信你试试。

卡（账）号：

验证码： vhbi

2. 点击下一步后请核对预留验证信息（点击查看说明）

下一步　　重 填

您使用信用卡在B2C商城LYJ透支支付的单笔最高金额为50.00元；当日的日累计最高金额为100.00元。

图 7-1　工商银行的 B2C 在线支付界面

182　账户管理

　　账户管理，就是在你拥有该银行的账号以后，对自己的银行账户进行管理。在管理账户之前，需要先将你持有的工商银行的账户信息添加到网上银行中去。

　　例如，工商银行的用户可以进入工商银行网上银行，依次进入"我的账户"→"账户管理"界面进行添加账户操作，如图 7-2 所示。添加完信息后，单击"提交"按钮即可完成。

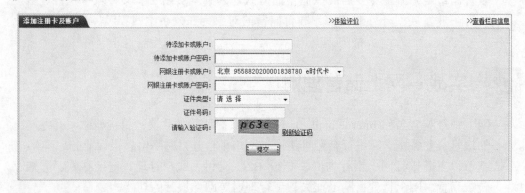

添加注册卡及账户　　　　　　　　　　　　　　　　　　≫体验评价　　　　　　　≫查看栏目信息

待添加卡或账户：
待添加卡或账户密码：
网银注册卡或账户： 北京 9558820200001838780 e时代卡 ▼
网银注册卡或账户密码：
证件类型： 请 选 择 ▼
证件号码：
请输入验证码： p63e 刷新验证码

提交

图 7-2　工商银行网上银行账户信息添加界面

183　定期存款

　　定期存款，就是把账号里拥有的货币，根据要存放的年限存放到银行中，银行有权对存放的货币进行放贷或其他用途，账户户主可以从银行获得一笔收益。

　　工商银行的用户进入工商银行网上银行页面后，单击"定期存款"一栏，再根据自己的情况进行存款选择，并单击"存入"按钮，如图 7-3 所示。然后填写存放的金额和卡号信息，单击"确认"按钮即可完成。

图 7-3　工商银行网上银行定期存款界面

184　通知存款

通知存款比定期存款灵活，没有约定存期，提前通知银行支取日期和金额后，就可以选择一次或多次支取。

工商银行的用户进入工商银行网上银行页面后，先单击"存入通知存款"一栏，再根据需要选择存款类型，然后单击"存入"按钮，再依据爱好填写存放金额和信息，确认信息后，最后单击"提交"按钮即可完成，如图 7-4 所示。

图 7-4　工商银行网上银行通知存款界面

185　转账汇款

工商银行网上银行支持在网上进行转账汇款，客户可以在需要时操作该业务。例如，用户可以进入工商银行网上银行，单击"转账汇款"一栏，进去填写需要转给的账号与金额，再单击"提交"按钮，如图 7-5 所示。确认信息无误后，再单击"确

认"按钮，这时需要输入 U 盾密码，最后单击"确认"按钮，方能完成。

图 7-5　工商银行网上银行转账汇款界面

186　网上贷款

进入工商银行网上银行，单击"申请贷款"一栏，根据要求和自身条件进行选择贷款类型，如图 7-6 所示。选择好之后，单击"办理"按钮，会弹出需要客户根据真实情况填写个人信息的界面，核对信息后单击"确认"按钮就算成功。

> 网上贷款 > 申请贷款

申请贷款　　　　　　　　　　　　　　　　　　　　　　>>自动演示　>>查看栏目信息

欢迎您使用中国工商银行网上银行的贷款功能，您可以通过网上银行渠道申请办理如下类别的贷款：

序号	类型	可贷金额	可贷期限	担保方式	简介	操作
1	质押贷款	5000-100万	3个月-1年	质押	个人质押贷款是中国工商银行向客户发放的以合法有效的质押品为担保的人民币贷款。质物品种多样：包括银行存款、国债等。	办理
2	第三人物质质押贷款	5000-100万	3个月-1年	质押	第三人质押担保贷款是第三人将其名下的金融资产作质押，为借款人向我行申请贷款提供担保的业务。	办理
3	其他贷款	0-1000万	30年	抵押、质押、保证、信用	个人网银质押贷款、个人网银第三人物质质押贷款以外的其他贷款项目，贷款品种多样，客户通过网上银行提交贷款意向后，需到柜面签署协议。	申请

如果您要计算贷款每月利息，月还款额，累计利息，还款总额等数据，请点击这里。贷款计算器

图 7-6　工商银行网上贷款界面

187　网上挂失

进入工商银行网上银行，单击"注册账户挂失"一栏，选择需要挂失的卡号，单击"挂失"按钮，再输入挂失天数，最后单击"提交"按钮，才能完成挂失，如图 7-7 所示。

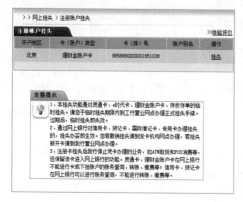
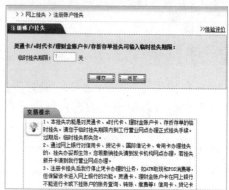

图 7-7　工商银行网上挂失界面

188　工行理财

工商银行网上银行开通很多理财的产品给客户选择，客户可以根据自己的财务状况进行购买。

进入工商银行网上银行，单击"工行理财"一栏，挑选相应的理财产品，单击页面右边的"购买"按钮，再填写相关的个人信息，单击"确定"按钮即可完成购买操作，如图 7-8 所示。

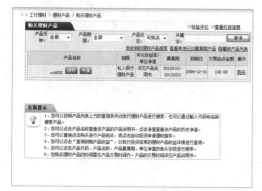

图 7-8　工商银行网上理财界面

7.3　实战：手机储蓄理财

互联网金融来势汹汹，移动端的发展可谓非常迅猛。如今，投资者再也不用去银行柜台排队买理财产品，而是拿起手机就能进行各项操作，随时随地理财的设想已经慢慢变成了现实。近期，无论是银行还是第三方支付机构都在积极地推动移动客户端的业务。如此一来，移动端可享受的各类优惠也多了起来，使用移动端进行理财的用

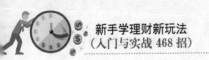

户也与日俱增。

189 手机银行注册

用户在使用手机银行之前，最好是到银行营业厅开通手机银行，并申领电子密码器。用户也可以使用手银客户端进行自助注册，下面以工商银行为例介绍具体操作步骤。

进入工商银行 App 后，单击界面下方"自助注册"按钮，如图 7-9 所示。进入"自助注册"界面，如图 7-10 所示。用户在单击协议并阅读没有疑问后，单击"同意"按钮，根据提示进行操作即可完成注册过程。

图 7-9 工商银行 App 登录界面

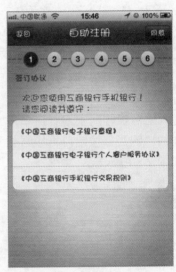

图 7-10 自助注册界面

190 无卡取现

随着无卡支付、无卡存取款业务的上线，越来越多的银行卡用户不需要实体卡片的支持，就可以办理很多日常的金融业务。或许有一天，银行卡也会同存折一样，淡出我们的生活。用户去 ATM 机取现时，无须插入银行卡，在 ATM 机选择"手机预约取现"选项并按提示操作即可完成取现，如图 7-11 所示。

其实，ATM 机无卡预约取款其安全性还是比较高的。无卡取现的功能仅向手机银行的注册客户提供，也就是说，必须在柜台开通手机银行的注册客户才可使用，自助注册的则无法使用到这一功能，这一点也主要是从安全性的角度来考虑的。另外，该业务还要进行多重认证，包括登录手机银行、银行卡卡号、登录密码等，而 ATM 机交易则需要交易密码，同时还要预约码。因此，其安全性能相对较高，用户在必要的情况下完全可以使用该方式取现。

图 7-11　选择"手机预约取现"选项

191　转账汇款

如今，手机银行以其便捷、贴身、功能多样化、安全等几大优势，得到越来越多人的接受和认可。笔者认为，随着互联网技术和智能手机的发展，"手机银行"势必成为人们今后金融生活的主导。

使用手机银行汇款不仅可以获得优惠，而且汇款途径也非常多，主要有通过银行卡号、绑定手机号、绑定 E-mail 汇款三大方法。

例如，用户可通过银行卡号，直接对工行本、异地账户进行汇款。进入汇款方式界面，单击"工行汇款"按钮，填写收款户名、收款账户、汇款金额等选项后，单击"下一步"按钮，如图 7-12 所示。确认信息无误并根据页面提示获取动态密码后，单击"确定"按钮即可完成汇款操作。

图 7-12　手机银行汇款界面

192　生活缴费

　　旅途中、候车时，随着拇指在手机上轻轻单击几下，就能享受手机银行的随身金融服务。手机的迅速普及，让花样翻新的各种手机银行服务竞相出现。随着 iPhone 等智能手机新品的推出，手机银行再次成为大家关注的热点。各大银行手机客户端功能会有差异，下面以工商银行的手机银行为例，为大家讲解常见的手机缴费服务。

　　在手机银行主界面中，单击下方的"移动生活"按钮后，进入"移动生活"界面，用户可以在此处选择银医服务、代付订单、电影票、商城、旅行、手机充值、高尔夫、机票等生活服务，如图 7-13 所示。

　　例如，单击"手机充值"按钮，进入"工银 e 支付"界面，输入手机号、卡号末六位/别名、验证码后，单击"下一步"按钮，如图 7-14 所示。输入动态密码并单击"确认支付"按钮，即可完成手机充值操作。

图 7-13　"移动生活"界面

图 7-14　"工银 e 支付"支付界面

7.4　玩转银行储蓄的绝技

　　如今再不是存折年代，每个人的钱包里，或多或少都揣着几张银行卡。银行推出的卡花样百出，但是作为投资者的你究竟了解多少呢？你知道如何玩转银行卡吗？

193　各类型银行卡怎么选

　　银行卡(Bank Card)是指商业银行等金融机构及邮政储汇机构向社会发行的，具有消费信用、转账结算、存取现金等全部或部分功能的信用支付工具。一般情况下，银行卡分为信用卡和借记卡两种，用户可以根据其需求进行选择。

信用卡：信用卡又分为贷记卡和准贷记卡。贷记卡是指发卡银行给予持卡人一定的信用额度，持卡人可在信用额度内先消费、后还款的信用卡。准贷记卡是指持卡人先按银行要求交存一定金额的备用金，当备用金不足以支付时，可在发卡银行规定的信用额度内透支的信用卡。

借记卡：借记卡按功能不同分为转账卡、专用卡、储值卡。借记卡不能透支。转账卡具有转账、存取现金和消费功能。专用卡是在特定区域、专用用途(是指百货、餐饮、娱乐行业以外的用途)使用的借记卡，具有转账、存取现金的功能。储值卡是银行根据持卡人要求将资金转至卡内储存，交易时直接从卡内扣款的预付钱包式借记卡。

194 借记卡六大理财功能

(1) 存取现金。借记卡大多具备本外币、定期、活期等储蓄功能，借记卡可在发卡银行网点、自助银行存取款，也可在全国乃至全球的 ATM 机(自动取款机)上取款。

(2) 转账汇款。持卡人可通过银行网点、网上银行、自助银行等渠道将款项转账或汇款给其他账户。

(3) 刷卡消费。持卡人可在商户用借记卡刷卡消费。

(4) 代收代付。借记卡可用于代发工资，也可缴纳各种费用，如通信费、水费、电费、燃气费等。

(5) 资产管理。理财产品、开放式基金、保险、个人外汇买卖、贵金属交易等均可通过借记卡进行签约、交易和结算。

(6) 其他服务。许多银行借记卡的服务已延伸到金融服务之外，如为持卡人提供机场贵宾通道、医疗健康服务等。

195 三大高招保障借记卡安全

(1) 卡片保管：一旦借记卡丢失或被盗就存在被冒用或伪造的风险。应像保管现金一样保管卡片，不可随手放置，更不能转借他人。切记一定要将身份证件和借记卡分开保管。

(2) 密码保护：有些借记卡要求持卡人设置交易、取款、查询、登录等多个密码，应注意：交易密码和取款密码尽量不要与其他密码相同。

密码设置应易记且难以破译，例如，不要将自己生日或几个连续或相同的数字设为密码。不要将密码告诉任何人，包括银行人员、警察等。刷卡和取款输入密码时，

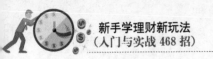
要注意用手和身体进行遮挡。

(3) 信息保护：注意保护借记卡卡号、身份证件号码等，不要随意丢弃填写了个人信息的书面材料或刷卡单据。个人信息变更，应及时通知银行，以便和银行保持联系。

(4) 及时挂失：如发现卡片丢失或被盗，应马上拨打银行客户服务电话或到就近银行网点挂失。如需密码挂失，可通过银行网点、电话银行等渠道办理；如需修改密码，可通过银行网点、ATM 机等渠道办理；如需重新设置密码，可到银行网点办理。

196　六大绝招防范网银风险

日渐庞大的网上银行在方便储户的同时，同样也存在着一定的风险。如何照看好自己的网上"存折"，是非常值得重视的问题。

1．采用安全证书

申请正规、专业的硬件数字证书进行网上银行交易。如果只使用普通的数字证书，犯罪嫌疑人只要通过木马程序将数字证书文件导出后连同账户密码一并窃取，就可以登录网上银行进行操作。而硬件数字证书无法通过技术手段窃取，即使嫌疑人拿到账户密码也无法登录网上银行。

2．设置保密密码

密码应避免与个人资料有关系，不要选用诸如身份证号码、出生日期、电话号码等作为密码。建议选用字母、数字混合的方式，以提高密码破解的难度。密码应妥善保管，避免将密码写在纸上。尽量避免在不同的系统使用同一密码，否则密码一旦遗失，后果将不堪设想。

3．利用网络对账

应对网上银行办理的转账和支付等业务做好记录，定期查看"历史交易明细"、定期打印网上银行业务对账单，如发现异常交易或账务差错，立即与银行联系，避免损失。另外，现在的很多银行开通了"手机银行""短信银行"的业务，客户在申请此项服务后，银行会按照客户的要求，定期将网上银行的资金情况用手机短信告知客户，以便及时发现各种账务问题。在每次登录网上银行后，一定要留意"上一次登录时间"的提示，查看最近的登录时间，确保网上银行正常登录。

4．小心不明软件

使用网上银行的计算机一定要安装杀毒软件和安全防火墙，在上网时开启病毒实时监控系统，输入密码应尽可能使用软键盘，防止个人账户信息遭到黑客窃取，确保即时监控和随时杀毒。

197 四招确保手机银行安全

科技时代中，手机已成为"万能法宝"，不仅可以打电话、玩游戏、上网、购物等，还能进行转账、汇款、股票交易、投资理财、缴费、消费支付等。作为银行卡的进一步延伸，手机银行的使用应特别注重安全问题。

1．设置多种密码

手机的客户身份识别卡(SIM 卡或 UIM 卡)，以及银行卡密码(含查询密码和交易密码)是登录手机银行进行相关金融业务交易的依据和安全保障，请务必妥善保管。最好是将查询密码和交易密码设置为不同的密码值，以增加资金的安全。

2．设置支付额度

手机银行客户，可通过个人网银设置合理的手机银行单日转账支付交易限额，若预期在一段较长时期内不进行对外转账或支付，建议将"单日转账支付限额"设置成一个较小的金额，更好地保障资金安全。

3．养成良好习惯

(1) 在开通手机银行时，一定要确认签约绑定的是自己的手机。

(2) 密码、账号妥善保管，不外泄。

(3) 及时清除手机内存中临时存储账户、密码等敏感信息；不要随意开启不明来历的短信或彩信，对可疑短信或彩信应立即删除。每次使用完手机银行后，一定安全退出。

4．谨慎使用 WIFI

切勿通过不安全的无线网络发送敏感信息，例如酒店或咖啡厅里的无线网络；如果用户要在公共场合下查看银行账户(如图书馆或咖啡厅)，请注意安全并在结束查看后立即更改密码。

7.5 高手玩转储蓄卡秘诀

大部分的老百姓认为，钱存入银行就万无一失了，但是，随着国家银行转变为股份制银行后，银行的存款安全系数已经不再是 100%。由于普通民众对银行经营存款业务所存在的风险知之甚少，因此，了解储蓄风险、防止收益受损尤为重要。

198 如何挑选储蓄品种

不同的储蓄种类有着各自不同的特点，不同的存期所获得的利息也会不同。活期

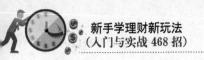
储蓄存款比较适用于生活待用款项，其灵活方便且适应性强；而定期储蓄适用于生活节余款项，存款期限越长、利率越高，利息也就越多，计划性较强；零存整取储蓄适用于余款存储，存款灵活、积累性较强。

如果在选择储蓄投资时不注意所选择的储蓄品种，就会使获得的利息受损，虽然现在储蓄存款的利率上调了，但很多人认为，选择定期储蓄或活期储蓄所获得的利息差别不大。如果将 1 万元存入银行，一年以后，定期储蓄所获得的利息将高于活期储蓄所获得利息一大截。

因此，在选择储蓄种类、期限时一定要结合自己的消费水平，以及日常用款的情况而定，可以定期储蓄的存款绝不以活期储蓄。另外，现在银行的储蓄存款利率变动较为频繁，各人在选择定期储蓄存款时，应该尽量选择相对短期的储蓄种类。

199 高安全设置密码

为存款加注密码是保护储蓄存款的常用方法，但很多人在设置密码时不能选择保密性较好的密码。一般人喜欢将自己的生日设置为密码，如果生日通过户口簿、身份证或履历表等证件被人知晓，就没有保密性可言了。而有些人喜欢选择一些连续的、重复性的数字，如 888888、999999，这样的数字其保密性也不好。

在设置密码时一定要注重科学性，选择与自己有关且不容易被他人发现的数字，如特殊人物的纪念日等。切记不要设置连续、重复的数字或家庭电话号码、身份证号码等。总之，设置密码一定要谨慎，同时也要记住所设置的密码。

200 预支储蓄款

有很多人急需用钱时，由于手头没有现金，又不好意思向他人借钱时，总是把刚存入银行的钱或是存了很久的定期储蓄存款提前支取，使定期储蓄存款全部按活期储蓄利率来计算利息，从而蒙受了一定的损失。目前，银行部门已经开展了定期存单小额抵押贷款业务，在定期储蓄存款提前支取前就可以仔细计算一下提前支取的利息损失与贷款利息的比率，算好账再作决定，减少定期储蓄存款提前支取的利息损失。

201 高效存单

到银行存款时很多人喜欢将一大笔钱开在一张存单上，虽然这种方法便于保管，但是从投资理财的角度来看，无形中会让利息蒙受损失。

不管存款的时间有多长，只要不到期，本来定期储蓄的利息就得转变成用活期储蓄的利率来计算。因此，在银行办理储蓄存款手续时，尤其是金额较大时，应该选择"金字塔"或"阶梯式"的储蓄方法。

202　准时支取存款

按照我国新的《储蓄管理条例》规定，定期储蓄存款到期支取，逾期部分全部按当日挂牌公告的活期储蓄利率来计算利息，但是现在有很多人不注意定期储蓄存单的到期日，往往存单已经到期很久了才去银行办理取款手续，殊不知，其利息已经蒙受损失。因此，提醒每个储户要定期清理存单，发现定期存单到期就马上到银行办理支取手续，保证利息不受损失。

203　安全保管存单存折

存单(存折)是由储户在银行存款时，由银行开具的证明，交由储户自己保管，用于支取存款，是明确双方债权债务关系的唯一合法凭证。很多人在保管存单时，没有存放在安全的地方，以致存单遗忘或丢失。

保管存单时，最好把存单放在一个比较安全、隐蔽，不易被虫、鼠破坏，且干燥的地方，同时可以在记事本上记录活期存单所存机构地址、户名、账号、存款日期、金额等，定期存单还需把存款期限记录下来，一旦发生意外，可以根据资料进行查找或办理挂失手续。

储户们还需注意，存单一定要与身份证、户口簿等可以证明户主身份的证件、印章、密码记录分开保管，以防被他人盗用，乘机将存款取走。

第 8 章

保险理财：若发生意外保驾护航

学前提示

众所周知，理财的目的就是追逐利润，因而趋利避害是理财者一个共同的心理。保险是一个特殊的理财产品，保险理财的目的不是为了追求利润而是做好后勤保障的工作，为理财者减轻承担风险的压力。

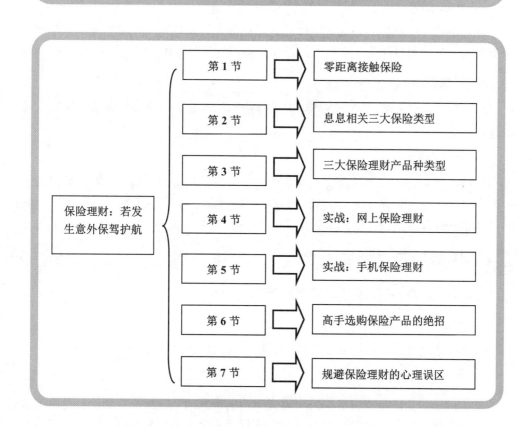

保险理财：若发生意外保驾护航	第 1 节	零距离接触保险
	第 2 节	息息相关三大保险类型
	第 3 节	三大保险理财产品种类型
	第 4 节	实战：网上保险理财
	第 5 节	实战：手机保险理财
	第 6 节	高手选购保险产品的绝招
	第 7 节	规避保险理财的心理误区

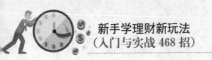
8.1 零距离接触保险

保险，作为一种保障机制，已经成为时下百姓理财不可或缺的一部分。无论是将保险当作保障人生财务所必需的工具，还是选择商业保险进行投资使财富增值，不可否认的是人们对保险的认识逐渐清晰，购买保险的意识也在逐步提高，保险产品的地位越来越重要。

204 保险是什么

保险，是指投保人根据合同的约定，向保险人支付保险费，保险人对于合同约定的可能发生的事故因其发生所造成的财产损失承担赔偿保险金的责任，或者当被保险人死亡、伤残、疾病或者达到合同约定的年龄、期限时承担给付保险金责任的行为。

通常情况下，保险由保险主体、保险客体和保险内容三部分组成。

1. 保险主体

保险主体，就是保险合同的主体，包括投保人与保险人。被保险人、受益人、保单所有人，除非与投保人是同一人，否则，都不是保险主体。

2. 保险客体

保险客体，即保险合同的客体，并非保险标的本身，而是投保人或被保险人对保险标的可保利益。

3. 保险内容

保险内容即保险合同的内容。保险合同的内容是保险合同当事人双方依法约定的权利和义务，通常以条文形式表现。保险内容包括保险合同的主要条款、保险合同的特约条款和保险合同条款解释。

205 保险的三大功能

保险具有经济补偿、资金融通和社会管理的功能。

1. 经济补偿功能

经济补偿功能是保险的立业之基，最能体现保险业的特色和核心竞争力。

2. 资金融通的功能

资金融通的功能是指将形成的保险资金中的闲置部分重新投入到社会再生产过程中。保险人为了使保险经营稳定，必须保证保险资金的增值与保值，这就要求保险人对保险资金进行运用。

3．社会管理的功能

社会管理是指对整个社会及其各个环节进行调节和控制的过程。其目的在于正常发挥各系统、各部门、各环节的功能，从而实现社会关系和谐、整个社会良性运行和有效管理。

206　保险理财不可不知的原则

保险合同是合同的一种，一方面应遵循合同的自愿、平等、公平等一般原则，另一方面，由于保险经营的特殊性，还应遵循一些特殊的原则。

（1）最大诚信原则：是指保险合同的双方当事人在签订和履行保险合同时，必须保持最大限度的诚意，双方都应遵守信用，互不欺骗和隐瞒，投保人应向保险人如实申报保险标的的主要风险情况，否则保险合同无效。

（2）可保利益原则：是指投保人或被保险人对保险标的的因具有各种利害关系而享有的法律上承认的经济利益。投保人或被保险人对保险标的的具有可保利益是保险合同生效的依据。

（3）补偿原则：保险标的发生保险事故时，保险人无论以何种方式赔偿被保险人的损失，也只能使被保险人在经济上恢复到受损前的同等状态，被保险人不能获得额外收益。

（4）近因原则：近因是指造成保险标的的损失的最主要、最有效的原因。也就是说，保险事故的发生与损失事实的形成有直接因果关系。按照这一原则，当被保险人的损失是直接由于保险责任范围内的事故造成的，保险人才给予赔偿。

8.2　息息相关三大保险类型

普通人在生活中接触到的保险，主要包括人寿保险、财产保险、养老保险等非商业型保险，其主要功能集中在保障，而非盈利。下面对生活常见的保险品种进行详细介绍。

207　人寿保险类型

人寿保险简称寿险，属于人身保险的一种。人寿保险是一种社会保障制度，是以人的生命和身体为保险对象的保险业务。和所有保险业务一样，被保险人将风险转嫁给保险人，接受保险人的条款并支付保险费；与其他保险不同的是，人寿保险转嫁的是被保险人的生存或者死亡的风险。

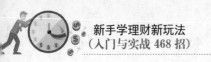
人寿保险也是人们在生活中最常见的保险种类之一，按照其业务范围来分，可以分为死亡保险、生存保险和生死两全保险三种。

1．死亡保险

死亡保险又分为定期人寿保险和终身人寿保险两种。定期人寿保险是以被保险人在保单规定的期间发生死亡，身故受益人有权领取保险金，如果在保险期间内被保险人未死亡，保险人无须支付保险金也不返还保险费，简称"定期寿险"。该保险大都是对被保险人在短期内从事较危险的工作提供保障。

终身人寿保险是一种不定期的死亡保险，简称"终身寿险"。保险责任从保险合同生效后一直到被保险人死亡之时为止。由于人的死亡是必然的，因而终身保险的保险金最终必然要支付给被保险人。由于终身保险的保险期长，故其费率高于定期保险，并有储蓄的功能。

2．生存保险

生存保险是指被保险人必须生存到保单规定的保险期满时才能够领取保险金。若被保险人在保险期间死亡，则不能主张收回保险金，亦不能收回已缴的保险费。

3．生死两全保险

生死两全保险是指被保险人在保险合同约定的期间里假设身故，身故受益人则领取保险合同约定的身故保险金，被保险人继续生存至保险合同约定的保险期期满，则投保人领取保险合同约定的保险期满金的人寿保险。这类保险是目前市场上最常见的商业人寿保险。

208　财产保险类型

所谓财产保险，是指投保人根据合同约定，向保险人交付保险费，保险人按保险合同的约定对所承保的财产及其有关利益因自然灾害或意外事故造成的损失承担赔偿责任的保险。

简单地说，财产保险就是对自身财产或利益的一种保障手段，因此广义上的财产保险，包括财产保险、农业保险、责任保险、保证保险、信用保险等以财产或利益为保险目的的各种保险。而根据投保主体的不同，财产保险还可以分为家庭财产保险与企业财产保险。

1．家庭财产保险

家庭财产保险是以城乡居民室内的有形财产为保险标的的保险，主要为居民或家庭遭受的财产损失提供及时的经济补偿。它主要分为普通家庭财产保险、到期还本型、利率联动型三种类型。

2．企业财产保险

企业财产保险是指以投保人存放在固定地点的财产和物资作为保险标的的一种保险，保险标的的存放地点相对固定，处于相对静止状态。企业财产按是否可保的标准可以分为三类，即可保财产、特约可保财产和不保财产。

209 社会保险类型

社会保险简称"社保"，也就是人们常说的"五险一金"中的"五险"。它是日常生活中最为常见的保险类型之一，也是目前我国最具争议且最受关注的保险种类。

社会保险可以说一种社会安全制度，主要针对丧失了劳动能力、暂时失去劳动岗位或因健康原因造成损失的人口，为这一人群提供收入或者补偿以实现社会安定。社会保险强制社会多数成员参加，且具有所得重分配功能的非营利性。

目前，社会保险的主要项目包括养老社会保险、医疗社会保险、失业保险、工伤保险、生育保险等。一般来说，前三种保险类型由企业与员工个人共同承担，后两种则由企业独自承担。

1．养老保险

养老保险是劳动者在达到法定退休年龄退休后，从政府和社会得到一定的经济补偿物质帮助和服务的一项社会保险制度。

2．医疗保险

城镇职工基本医疗保险制度，是根据财政、企业和个人的承受能力所建立的保障职工基本医疗需求的社会保险制度。

3．失业保险

失业保险是国家通过立法强制实行的，由社会集中建立基金，对因失业而暂时中断生活来源的劳动者提供物质帮助的制度。

4．工伤保险

工伤保险也称职业伤害保险。劳动者由于工作原因并在工作过程中受意外伤害，或因接触粉尘、放射线、有毒害物质等职业危害因素引起职业病后，由国家和社会给负伤、致残者以及死亡者生前供养亲属提供必要的物质帮助。

5．生育保险

生育保险是针对生育行为的生理特点，根据法律规定，在职女性因生育子女而导致劳动者暂时中断工作、失去正常收入来源时，由国家或社会提供的物质帮助。

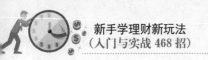
8.3 三大保险理财产品种类

保险除了具有保障功能之外，还具有较大的投资理财的价值。目前，我国各个保险公司陆续推出了投资型保险种类，主要包括投连险、万能险和分红险三种。对于投资型保险这类创新型理财产品，投资者需要看透产品性质与特点，避免投资风险。

210 投连保险理财产品

投连保险产品全称为"投资连结保险"，又称"变额寿险"。投连保险是一种新形式的终身寿险产品，它集保障和投资于一体，其中保障方面主要体现在被保险人保险期间意外身故，会获取保险公司支付的身故保障金，同时通过投连附加险的形式也可以使用户获得重大疾病等其他方面的保障。投资方面是指保险公司使用投保人支付的保费进行投资。

投连险作为一种新型的险种，兼具了保障与投资的功能，这主要是通过投连保险的账户设置得以实现的。一般而言，投资连结保险都会根据不同的投资策略和可能的风险程度开设有三个账户：基金账户、发展账户、保证收益账户。

1. 基金账户

基金账户的投资策略为采用较激进的投资策略，通过优化基金指数投资与积极主动投资相结合的方式，力求获得高于基金市场平均收益的增值率，实现资产的快速增值，让投资者充分享受基金市场的高收益。

2. 发展账户

发展账户的投资策略为采用较稳健的投资策略，在保证资产安全的前提下，通过对利率和证券市场的判断，调整资产在不同投资品种上的比例，力求获得资产长期、稳定的增长。在基金品种的选择上采取主动投资的方式，关注公司信誉良好、业绩能保持长期稳健增长、从长远看市场价值被低估的基金品种。

3. 保证收益账户

保证收益账户的投资策略为采用保守的投资策略，在保证本金安全和流动性的基础上，通过对利率走势的判断，合理安排各类存款的比例和期限，以实现利息收入的最大化。此外，投保人还可以根据自身情况的需要，部分领取投资账户的现金价值，增加保险的灵活性。

211 分红保险理财产品

分红型保险是指保险公司将其实际经营成果优于定价假设的盈余，按一定比例向保单持有人进行分配的人寿保险产品，简单地说就是投保人可以分享红利，享受保险公司的经营成果。

既然是分红型保险，必然涉及盈利分红的问题。分红保险的红利来源于寿险公司的"三差收益"即死差异、利差异和费差异。红利的分配方法主要有现金红利法和增额红利法，两种盈余分配方法代表了不同的分配政策和红利理念。

1. 现金红利法

采用现金红利法，每个会计年度结束后，寿险公司首先根据当年度的业务盈余，由公司董事会考虑指定精算师的意见后决定当年度的可分配盈余，各保单之间按它们对总盈余的贡献大小决定保单红利。这是北美地区寿险公司通常采用的一种红利分配方法。

2. 增额红利法

增额红利法以增加保单现有保额的形式分配红利，保单持有人只有在发生保险事故、期满或退保时才能真正拿到所分配的红利。

212 万能保险理财产品

万能保险产品，是指包含保险保障功能并设立有单独保单账户的人身保险产品。按合同约定，保险公司在扣除一定费用后，将保险费转入保单账户，并定期结算保单账户价值。保险公司按照合同约定定期从保单账户价值中扣除风险保险费等费用。在投资收益方面，此类产品为保单账户价值提供最低收益保证。

万能保险是风险与保障并存，介于分红险与投连险间的一种投资型寿险。在这种"万能保险"保险方式下，消费者缴纳的保险费分为两部分，一部分是用来保险的，一部分是用来投资的，投资部分的钱可以由消费者自主选择是否转换为保险的，这种转换可能表现为改变缴费方式、缴费期间、保险金额等的调整。

8.4 实战：网上保险理财

由于网上具有便捷、迅速等优点，很多机构或企业都会选择在网上开通业务。现在网上也可以进行保险理财，这对生活是极大方便。本节以"中国大地保险"为例，介绍账户注册、购买保险、保险卡激活、保险信息查询、续期缴费、保单查询等网上理财的相关技巧。

213 网上账户注册

对于保险理财初学者来说，首先需要在保险公司的官网上注册一个账户。例如，

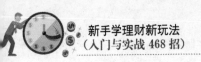

打开"中国大地保险"官网，如图 8-1 所示。单击其页面左上角的"注册"链接。然后进入"注册"页面后，根据自己的真实情况和相关的要求填写个人信息，审阅无误后，单击"注册"按钮即可完成，如图 8-2 所示。

图 8-1 "中国大地保险"官网页面

图 8-2 中国大地保险的"注册"页面

214 购买保险的方法

在注册与修改个人信息后，返回到"中国大地保险"官网页面来登录个人账户就可以进行保险理财业务。

首先，在"中国大地保险"官网页面里单击打开所需要的保险类型按钮。在进入这一页面后，挑选具体某一款保险业务，然后单击"立即投保"按钮。再根据个人真实情况填写信息，如图 8-3 所示。填写完单击"下一步"按钮，进入信息确认页面，在信息核对无须更改后，即可进行支付，支付完方算成功。

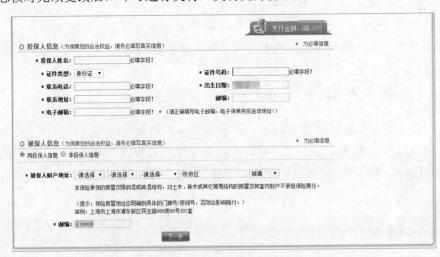

图 8-3 中国大地保险的家庭险"信息填写"页面

215 保险卡激活的法门

在大地保险首页的"快捷服务"选项区中，单击打开"激活自助卡"按钮，选择需要激活的保险种类。例如，选择"家财险保险卡激活"选项，然后输入保险卡号与验证码，再单击"确认提交"按钮，如图 8-4 所示，即可完成激活操作。

图 8-4 "在线家财险保险卡激活"页面

216 如何进行保险信息查询

同样是在中国大地保险首页的"快捷服务"选项区，单击"理赔查询"链接，在进入该页面以后，先单击自己购买的保险类型，再输入需要查询的信息，如图 8-5 所示，这一过程完成以后，再单击"确认提交"按钮即可完成。

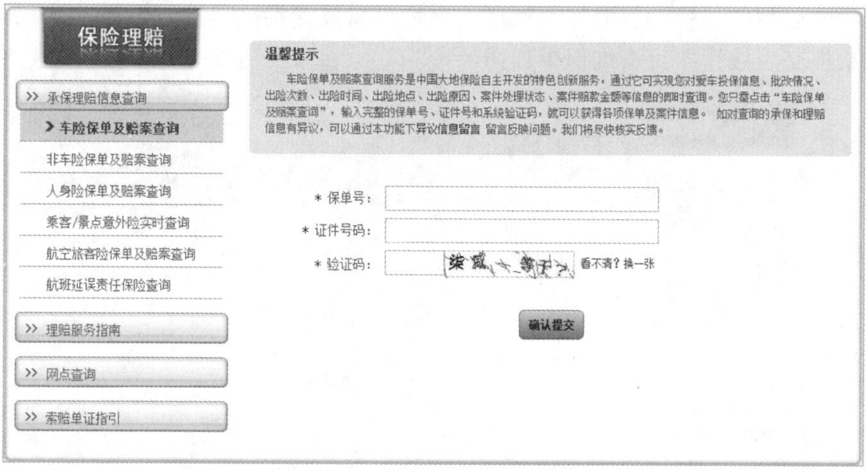

图 8-5 保险理赔信息查询页面

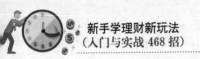

217 教你怎样续保缴费

在大地保险官网首页的"快捷服务"选项区中单击"保险续保"按钮，选择需要续的保险类型，主要包括汽车险、旅行险、财产险、健康险等类型，如图 8-6 所示。选择好要续保的产品后根据提示填写信息以及付款，即可完成续期缴费操作。

图 8-6　选择需要续保的保险类型

218 保单查询的操作

同样是在中国大地保险首页的"快捷服务"选项区，单击"保单查询"按钮，在进入该页面以后，选择购买的保险类型，再输入需要查询的信息，如图 8-7 所示，单击"确认提交"按钮即可查询保单详情。

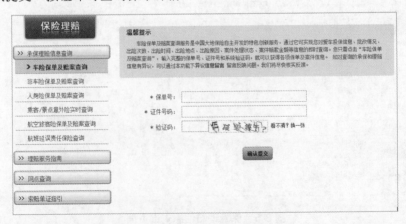

图 8-7　中国大地保险保单查询页面

8.5 实战：手机保险理财

随着各类投资风险的增加，保险产品越来越受消费者的认可和欢迎，并逐渐成为个人理财的必备金融产品。如何选择正确合适的产品成为当下投资者首先要面对的问题。本节以"平安保险"App 为例，讲解通过手机进行保险理财的具体方法。

219 最为常见的几款保险产品

"平安保险"App 以蓝色为主色调，更能突显科技感，向广大用户展示了一个大型的保险行业移动互联网门户平台，以便捷的浏览方式、强大的应用功能，最新的资讯信息，为用户展开了一个丰富的保险"画卷"，如图 8-8 所示。

在"平安保险"App 的"新品推荐"界面，用户可以看到各类型的保险，如汽车保险、养老保险、旅游保险、意外保险、医疗保险、境外保险、少儿保险、重疾保险、财产保险、理财保险等，应有尽有，如图 8-9 所示。

图 8-8 "平安保险"App 主界面

图 8-9 保险产品列表

220 手机浏览保险理财资讯

随着保险的宣传力度增大，很多人都意识到购买保险的重要性。保险除了具有保障功能之外，还具有较高的投资理财价值。投资型保险这类创新型理财产品，投资者需要看透产品性质与特点，避免投资风险。

"平安保险"App 为用户提供了最新的保险行业资讯和详情，其中，行业资讯、企业黄页、供求商机、展会展览功能全面，近似于保险行业互联网的门户，如图 8-10所示。

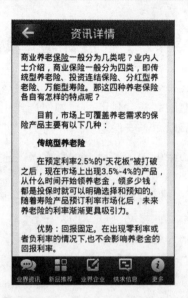

图 8-10　查看保险理财资讯

保险公司的理财产品作为一种特殊的理财方式，具有其自身的特点和优势，适合的人群也较广，有打算购买的人应该做好咨询了解工作，结合自身实际情况购买。一般来说，投保人购买保险产品可以通过保险公司、保险代理人、银邮代理机构、专业中介机构、其他兼业机构等渠道。购买保险时，要重点查看保单样式是否正规，是否有承保公司签章，能否取得正规发票，售后是否有保险公司电话回访等。

8.6　高手选购保险产品的绝招

随着保险的宣传力度增大，很多人都意识到购买保险的重要性。刚过不惑之年的王先生在上海某国有金融企业上班，是公司的中层，每年有近 20 万元的不菲收入。谈到购买理财产品的心得，他直言不讳地说："购买保险理财产品，既可稳健增值，又可获得保障，是实现'鱼'和'熊掌'兼得的最好选择。"关于选购保险品种的诀窍，他总结了以下几个技巧。

221　如何挑选优质的保险公司

有着优质服务的保险公司，不仅能够为投资人提供良好的服务，并且能够在出现事故时及时理赔，这是为什么投保一定要选择大公司的原因，目前，我国国内口碑较好的十大保险公司包括中国人寿、中国平安、太平洋保险、中国人保、中国太平、友邦保险、新华保险、泰康保险、阳光保险、大地保险。

在保险公司的选择方面，投保人可以从以下几个方面考虑。

1．知名度与认可度

身边的人对你所要选择的公司是否认可也是一个应该考虑的因素，尤其是接受过理赔的朋友，他们的建议具有重要的参考价值。

2．偿付能力

偿付能力是影响公司经营的最重要因素，公司具备足够的偿付能力，可以保证发生保险事故时，有足够的资金支付保险金，并保证保险公司的正常经营。

3．保险保障

在投保前，投保人需要详细了解保单条款中涉及自身利益的具体内容，如承保风险种类、保险责任、保险收益、保险期限、赔付方式等。如果选择保障类产品，也应选择一个种类较齐全的保险公司，这样更容易搭配，组成套餐，并根据投保人的保险需求，在主险的基础上附加较全的附加险。

4．投资实力

一个保险公司的投资能力强，意味着保费的增值空间大。只有能取得稳定收益的公司，才能最终保证投保人的利益。

5．服务水平

在保险产品较为同质化的今天，各公司都在追求服务质量。服务质量好的公司，总是以投保的需求为导向，而且言行一致，具体表现在服务专业化、理赔高效化。

6．产品细节

应当选择能为客户量身打造人性化产品的保险公司。不同的保险公司，同样产品的价格可能不同，同样价格的保费保障的范围、保障的时间也会有所不同，投保时要看清楚这些细节。特别要注意不赔的范围，应当选择不赔范围小的保险公司。

222　对专业的业务员情有独钟

虽说目前保险行业发展火热，但是在一些地区，保险却被认为是"宰熟"的利器。一部分保险公司为了拉业务，雇用了一批非专业的保险推销员，他们没有专业的业务技能，为了完成业绩，只能寻找朋友、同学甚至亲人"下手"。

大部分人会因为彼此熟识而不得不糊里糊涂地签订了保险合同，一旦出现事故时，由于该业务员可能已经离职，相关的理赔事项会变得十分麻烦，甚至可能使投保人无法获得赔偿。因此，选择专业的保险业务员是十分重要的。

对于准备购买保险的准客户来说，保险代理人是保险顾问，就好比是法律顾问一样。所不同的是，其顾问费不是由客户直接给予保险代理人的，而是包含在保费里边

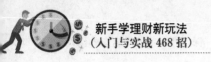
由保险公司代发给代理人，同时，在收取顾问费时各保险代理人的收费标准是一样的，不会因为某个代理人的素质高就多收，某个代理人的素质低就少收。

其最佳险种的选择及其未来的保险赔付，是一项非常复杂的专业性较强的活动，如果我们选择了缺乏很强专业知识及相关法律知识的保险代理人，那么就有可能使我们的保单成为"问题单"，就可能给我们带来不必要的损失。

223　高手教你如何挑选合适的保险产品

目前，市面上传统人身保险的产品种类繁多，但按照保障范围可以划分为人寿保险、人身意外伤害保险和健康保险。人寿保险又可分为定期寿险、终身寿险、两全保险、年金保险等。健康保险则又可分为疾病保险、医疗保险、护理保险等。面对如此繁多的保险品种，投保人应该如何选择呢？

(1) 确认投保的目的，是保障优先还是投资优先。如果是追求保障功能，那么首先需要从保险大类入手，是选择与生命相关的人寿保险，还是与财产挂钩的财产保险，或是与医疗相关的医疗保险，然后逐级确定适合自己的产品。

如果是投资优先，可以直接从分红险、万能险、投连险三类产品中选择。其中由于投连险风险极高，不建议投资人购买，之后可以根据自身资金实力、风险偏好来选择产品。

(2) 确认费用与保障范围。因为保险公司投资理财也需要成本，因此，几乎所有的保险理财产品都有初始费用和保单管理费等费用，购买时要细看条款，算好成本账。其次，要注意保险理财产品的保障范围和保障水平，有的产品只有意外保障，不含疾病保障，有的产品以保单分红为主，几乎没有什么保障，这些都要在购买保险理财产品时一一弄清楚。

保险永远没有最好的，只有适合自己的，选择保险时要遵循以下原则。

1．量力而行

购买保险的投入必须与家庭的经济状况相适应。要根据家庭现在的收入水平，预估未来的收入能力，并计算收支结余。这样，才能确保您的保险不会出现无力支付而遭受损失，也不会出现保险投资比率不足的情况。

2．按需选择

根据家庭所面临的风险种类选择相应的险种。现在针对家庭与个人的商业险种非常之多，并不适应每个客户。例如，家庭中男主人是主要收入者，且从事危险程度较高的工作，如高空作业，则此家庭的首要保险可能就是男主人的生命和身体的保险。

3．优先有序

重视高额损失，自留低额损失。确定保险需求的首要考虑是风险损害程度，其次是发生频率。损害大、频率高的损害优先考虑保险。对一些较小的损失，家庭能承受得了的，一般不用投保。实际上保险一般都有一个免赔额，低于免赔额的损失保险公司是不会赔偿的，所以，需放弃低于免赔额的保险。

4．合理组合

把保险项目进行合理组合，并注意利用附加险。许多险种除了主险外，都带了各种附加险。当您购买了主险后，如果有需要，可顺便购买其附加险。这样的好处是：其一，避免重复购买多项保险；其二，附加险的保费相对单独保险的保费一般较低，可节省保费。所以综合考虑各保险项目的合理组合，既可得到全面保障，又可有效利用资金。

8.7 规避保险理财的心理误区

保险产品虽然是一种"保障"工具，但是它同样存在风险，尤其是投资理财型保险，更需要投资者擦亮双眼，规避理财风险。保险产品不同于其他商品，大多数投保人只有在意外发生时可能才感觉得到保险保障的存在，但即使是买了保险的人也不会期盼意外的发生。消费者在购买保险时应该避免以下几种负面的想法，否则容易对保险产品产生误解或给自己造成损失。

224 侥幸心理误区

不少投保人在参加一年期意外伤害保险到期后，看到投保后没事，自己也没有从中获得经济收益，就觉得"吃亏了""不划算"，接着容易产生"坏事应该也轮不着自己"的侥幸心理，因而不再续保。

其实，保险业恰恰是承保那万一发生的灾害事故的，这万分之一或者概率更小的风险对于个人来说就是百分之百的损失，不能大意。

225 从众心理误区

消费者在选择保险产品时容易随大流，人家投什么险种自己就保什么险种，别人选择多少保额自己就选择多少保额，认为一旦有事大家可以利益均等，找到一种心理平衡。保险专家表示，从众心理不可取，因为每个人的具体情况不尽相同，比如家中经济收入怎样，财产价值多少，工作环境如何，身体状况怎样，加上个人对理财方式的认同等，这些情况有很大差别，以他人为样板来决定自己投保，往往是该保的没保、该保足的没保足，如此就失去了保险的意义。有意投保的消费者不要嫌麻烦，应该去找保险公司咨询，让对方从专业角度进行设计，既符合个人要求，又能规避风险，寻求量身定制的保障。

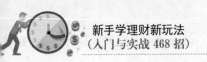
226　盲目心理误区

购买保险应该有的放矢，不能"求全责备"或者"扔进篮中的就算做菜"。比如有些家长在给孩子购买儿童保险时，一味求多，几份甚至十多份儿童险累计购买，却不知儿童险的保额上限为 10 万元，超出部分算为无效。又如，健康保险，购买的前提必须是看清条款责任范围，明白健康险种和一般人身险的共同点与不同点，哪些状况可以投保，哪些状况属于除外责任。还有关于日后万一出险怎样获得赔偿的相关规定要求，均是以后索赔的关键之处，以为投保了健康险就能保障自己的健康，看病住院都不用花钱，这样的盲目投保必然会影响自身利益。

227　获利心理误区

投保后最大利益就是使自己产生一种安全感，将日后灾害事故造成的损失风险转移到保险公司，从而解除自身后顾之忧，绝不是投保就可以产生高于保费数百倍的利益，毕竟不发生灾害事故才是投保人和保险公司的共同心愿。即使是有投资收益的投连险投保者，也要时刻看清保险最大的功能还是在于保障，投资获益是附加功能，不可过高地指望投连险、万能险的投资获利。

第9章

黄金理财：华尔街大亨们暴富

学前提示

黄金以其稀少、易保存、性能好、价格稳定等特性。黄金是国家纸币价值的背后保证，是国际货币兑换的中间媒介。目前黄金市场较好，很多都纷纷投入其中，因而黄金理财很适合理财初学者。

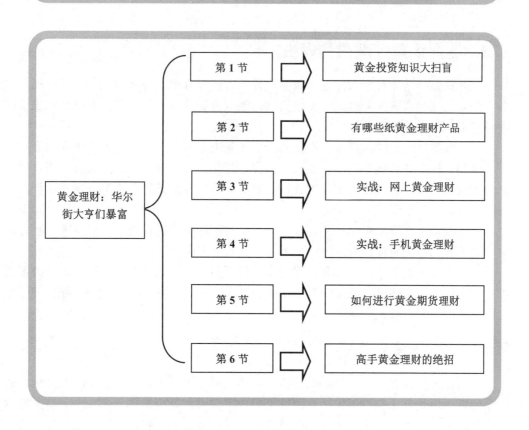

	第 1 节 ⟹	黄金投资知识大扫盲
	第 2 节 ⟹	有哪些纸黄金理财产品
黄金理财：华尔街大亨们暴富	第 3 节 ⟹	实战：网上黄金理财
	第 4 节 ⟹	实战：手机黄金理财
	第 5 节 ⟹	如何进行黄金期货理财
	第 6 节 ⟹	高手黄金理财的绝招

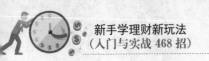
9.1 黄金投资知识大扫盲

"黄金——永不过时的发财路。"当通货膨胀发生时，当美元贬值时，当投资市场风险增加时，只要投资者对未来有些许不确定性，黄金便会出现一轮热潮，受到人们追捧。刚进入黄金市场的家庭投资者一般来说对市场了解都不深，投资者需要了解黄金交易入门的基础知识。

228　什么是黄金

黄金是一种带有黄色光泽的贵金属，在门捷列夫周期表中，金的原子序数为 79，英文为 Gold，是人类较早发现和利用的金属。由于它稀少、特殊和珍贵，自古以来将黄金视为五金之首，有"金属之王"的称号，享有其他金属无法比拟的盛誉，其显赫的地位几乎永恒。黄金的稀有性使黄金十分珍贵，而黄金的稳定性使黄金便于保存，所以黄金不仅成为人类的物质财富，而且成为人类储藏财富的重要手段，故黄金得到了人类的格外青睐。

229　选择纸黄金理财的理由

"纸黄金"是一种个人凭证式黄金，投资者按银行报价在账面上买卖"虚拟"黄金，个人通过把握国际金价走势低吸高抛，赚取黄金价格的波动差价。纸黄金投资的优势集中体现在以下三点。

（1）纸黄金为记账式黄金，不仅为投资人省去了存储成本，也为投资人的变现提供了便利。投资真金购买之后需要操心保存、存储；需要变现之时，又有鉴别是否为真金的成本。而纸黄金采用记账方式，用国际金价以及由此换算来的人民币标价，省去了投资真金的不便。

（2）纸黄金与国际金价挂钩，采取 24 小时不间断交易模式。国内夜晚，正好对应着欧美的白日，即黄金价格波动最大之时，为上班族的理财提供了充沛的时间。

（3）纸黄金提供了美元金和人民币金两种交易模式，为外币和人民币的理财都提供了相应的机会。同时，纸黄金采用 T+0 的交割方式，当时购买，当时到账，便于做日内交易，比国内股票市场多了更多的短线操作机会。

230　什么因素影响纸黄金

在明白了纸黄金的投资优势后，投资者还需要多方考虑，分析影响纸黄金价格的重要因素，这是黄金投资基本面分析的基础。其实，纸黄金与现货黄金的走势是基本一致的，因此下列影响因素也是影响黄金走势的主要原因，投资者只有了解以下几大因素，才能根据局势分析把握黄金市场走势，稳操胜券。

(1) 美元指数：作为最主要的国际储备货币，美元直接与黄金挂钩，各国货币则与美元挂钩，这就是 1944 年建立起来的布雷顿森林体系规定的"金本位制度"。不过随着其他国家的崛起，该制度最终崩溃消失。

不过美元走势对黄金价格的影响依然存在。美元指数跌的时候黄金在涨，而黄金跌的时候美元指数则往往处于上升途中，黄金与美元在全年的大部分时间内呈负相关。

(2) 供需因素：所谓"物以稀为贵"，任何商品的价格都会受到其供需量的影响。黄金是一种特殊的商品，供给与需求之间的关系是影响商品价格的基本因素。

(3) 汇率影响：美元汇率也是影响金价波动的重要因素之一。一般在黄金市场上有美元涨则金价跌，美元降则金价涨的规律。美元坚挺一般代表美国国内经济形势良好，美国国内股票和债券将得到投资人竞相追捧，黄金作为价值贮藏手段的功能受到削弱；而美元汇率下降则往往与通货膨胀、股市低迷等有关，黄金的保值功能再次得到体现。

(4) 国际价格：当某国采取宽松的货币政策时，由于利率下降，该国的货币供给增加，加大了通货膨胀的可能，会造成黄金价格的上升。如 20 世纪 60 年代美国的低利率政策促使国内资金外流，大量美元流入欧洲和日本，各国由于持有的美元净头寸增加，出现对美元币值的担心，于是开始在国际市场上抛售美元，抢购黄金，并最终导致了布雷顿森林体系的瓦解。

(5) 通货膨胀：从长期来看，每年的通胀率若是在正常范围内变化，那么其对金价的波动影响并不大；只有在短期内，物价大幅上升，引起人们恐慌，货币的单位购买力下降，金价才会明显上升。

(6) 国际政局：国际上重大的政治、战争事件都将影响金价。政府为战争或为维持国内经济的平稳而支付费用、大量投资者转向黄金保值投资，这些都会扩大对黄金的需求，刺激金价上扬。

(7) 股市行情：一般来说股市下跌，金价上升。这主要体现了投资者对经济发展前景的预期，如果大家普遍对经济前景看好，则资金大量流向股市，股市投资热烈，金价下降。反之亦然。

(8) 石油价格：黄金本身作为通胀之下的保值品，与通货膨胀形影不离。石油价格上涨意味着通货会随之而来，金价也会随之上涨。

231　什么时间交易纸黄金

纸黄金并不是 24 小时全天候交易的，其交易时段与黄金现货基本一致，投资者可以在不同的时段采取不同的投资策略。

(1) 5:00～14:00。行情一般较清淡，这主要是由于亚洲市场的推动力量较小所

为。此时的市场一般震荡幅度较小，没有明显的方向，多为调整和回调行情。并且此时走势一般与当天的方向走势相反，例如：若当天走势上涨，则这段时间多为小幅震荡的下跌。此时段间，若价位合适可适当进货。

(2) 14:00～18:00。此时为欧洲上午市场活跃时段，欧洲开始交易后资金就会增加，且此时段也会伴随着一些对欧洲货币有影响力的数据的公布。此时段间，若价位合适可适当进货。

(3) 18:00～20:00。这段时间是欧洲的中午休市，也是等待美国开始的前夕，此时间段宜观望。

(4) 20:00～24:00。这段时间为欧洲市场的下午盘和美洲市场的上午盘。这段时间是行情波动最大的时候，也是资金量和参与人数最多的时段，是出货的大好时机。

(5) 24:00 至清晨。这段时间为美国的下午盘，一般此时已经走出了较大的行情，这段时间多为对前面行情的技术调整，宜观望。

9.2 有哪些纸黄金理财产品

目前国内主要的纸黄金理财产品有：中国银行的"黄金宝"、工商银行的"金行家"以及建设银行的"龙鼎金"账户等。下面针对不同纸黄金理财产品的特点优势及交易流程进行详细的介绍。

232 中国银行："黄金宝"理财产品

2014 年 3 月，中国银行山西省分行举办了一场个人贵金属春季交易大赛，交易品种包括账户贵金属(黄金宝和白银宝)、双向宝(双向黄金宝)和代理个人上海黄金交易所交易业务(T+D)三种。此次活动让投资者们看到了黄金投资的活力，增强了炒金者的积极性。

而参赛品种中的"黄金宝"产品，便是中国银行推出的"纸黄金"交易产品。"黄金宝"类似于外汇宝业务，但交易币种为人民币，投资黄金无须交付手续费，只需根据银行报价买卖即可。报价跟随国际黄金市场的波动情况，投资者可以通过把握市场走势低买高抛，赚取黄金价格波动的差价。

1. 手续办理

如果投资者想参与中国银行的"黄金宝"交易，只需持本人身份证，到中国银行的所属营业网点，填写"中国银行个人账户开户申请书"，存入一定数额的人民币资金，取得中国银行"活期一本通"存折、中国银行"长城电子借记卡"、电话委托密码，即可参与买卖交易。

2．交易方式

中国银行提供有两种"黄金宝"买卖交易方式：柜台交易、电话交易。投资者可以通过柜面电子屏、电话或者网络获取实时报价。

（1）柜台交易。凭"活期一本通"存折等即可前往中国银行的营业网点办理"黄金宝"买卖交易。

（2）电话交易。拨打银行提供的黄金宝交易电话号码，凭电话交易密码即可进入中国银行黄金宝电话交易系统，根据电话语音的提示，作黄金宝买卖交易。

233 工商银行："金行家"理财产品

"金行家"个人账户黄金买卖业务是指个人客户以美元或人民币作为投资货币，在中国工商银行规定的交易时间内，使用中国工商银行提供的个人账户黄金买卖交易系统及其报价，通过柜台、网上银行、电话银行等方式进行个人账户黄金买卖交易的业务。

1．产品特点

（1）不必进行实物交割，没有储藏/运输/鉴别等费用。

（2）投资起金和每笔交易起点低，最大限度地利用资金：黄金(克)/人民币交易起点 10 克黄金，交易最小计量单位 1 克；黄金(盎司)/美元买卖交易起点为 0.1 盎司黄金，交易最小计量单位为 0.01 盎司。

（3）价格与国际市场黄金价格时时联动，透明度高。

（4）交易资金结算高速，划转实时到账。

（5）周一至周五，24 小时持续交易。

（6）交易渠道不一，柜台/电话银行/网上银行均可交易。

（7）交易方式不一，即时交易、获利委托、止损委托、双向委托，最长委托时间可达到 120 小时。

2．办理开户

"金行家"个人账户黄金买卖业务包括两种，一是黄金(克)/人民币交易，以人民币标价，交易单位为"克"；二是黄金(盎司)/美元交易，以美元标价，交易单位为"盎司"。

（1）黄金(克)/人民币买卖。客户在中国工商银行办理以人民币作为投资币种的账户黄金买卖业务前，凭本人有效身份证件到工行指定网点，将基本户为活期多币种户的工行账户(包括牡丹灵通卡、e 时代卡或理财金账户)作为资金交易账户，并在该账户下开立"个人黄金账户"，其后通过工行柜台/网上银行/电话银行直接进行交易即可。

(2) 黄金(盎司)/美元买卖。直接将基本户为活期多币种的工行账户(包括活期一本通、牡丹灵通卡、e 时代卡或理财金账户)作为资金交易账户，通过工行柜台/网上银行/电话银行直接进行交易就能够。

3. 交易方式

(1) 柜台交易。凭本人有效身份证件、工行活期多币种户到指定网点办理。

(2) 电话银行交易。拨打 95588，电话语音提示："个人客户请按 1"，输入卡号或客户编号和密码，电话语音提示："黄金业务请按 5""美元黄金交易请按 1，人民币黄金交易请按 2" 按要求选择后就能够进入相应程序进行操作。

(3) 网上银行交易。登录工行官方网站，输入网上银行账号和密码，单击"网上汇市"进入"黄金(盎司)/美元买卖界面"；或单击"网上黄金"进入"黄金(克)/人民币买卖"界面。使用电话银行和网上银行交易功能，资金交易账户需完成电子银行的注册手续。

234 建设银行："龙鼎金"账户

中国建设银行"龙鼎金"产品分为实物金和账户金两种。"龙鼎金"账户金又称纸黄金，交易业务不提取和交收实物，是指投资人在中国建设银行开立黄金账户，并进行买卖的一种金融投资产品，黄金份额在账户中记录，而不提取实物黄金，只需把握市场走势通过低买高卖就能赚取差价。

9.3 实战：网上黄金理财

黄金是稀有的贵金属，被投资圈内人士尊为"硬通货"。黄金以其价格相对比较稳定不易贬值，很多理财者喜欢的理财的注意力投放在这一领域。现在，很多银行金融机构在其网上都有黄金理财业务，满足黄金理财爱好者的需求。

本节以中国交通银行网上黄金理财为例，介绍交易金查询、交易金买卖、资金账户管理等网上黄金理财功能。

235 新增、查询与修改定投计划

首先登录中国交通银行个人网银，依次进入"投资理财"|"黄金定投"页面，即可新增定投计划，选择和添加相关信息，如：选择卡号、定投品种、定投方式、每期定投间隔、每期申购金额、协议生效日期、交易密码等，如图 9-1 所示，核对信息后，单击"确定"按钮即可完成操作。

另外，用户还可以切换至"查询/修改定投计划"页面，选择需要查询或者修改的卡号，即可得出查询或修改定投计划结果，如图 9-2 所示。

图 9-1　新增定投计划　　　　　　　　图 9-2　"查询/修改定投计划"页面

236　申购/赎买申请的方法

　　登录中国交通银行个人网银，依次进入"投资理财"|"黄金定投"页面，在左侧的导航栏中选中"申购申请"单选按钮，需要在右侧窗口中选择和添加个人相关信息，如选择卡号、申购品种、购买方式、可用资金、购买金额、交易密码等，如图 9-3 所示，核对信息后，单击"确定"按钮即可完成申购黄金操作。

　　在左侧的导航栏中选中"赎回申请"单选按钮，需要选择和添加个人相关信息，如选择卡号、赎回品种、黄金金额、黄金可用余额、赎回数量、交易密码等，如图 9-4 所示，核对信息后，单击"确定"按钮即可完成赎回黄金操作。

图 9-3　"申购申请"界面　　　　　　　图 9-4　"赎回申请"界面

237　查询委托与交易明细

　　登录中国交通银行个人网银，依次进入"投资理财"|"黄金定投"页面，在左侧的导航栏中选中"委托查询/撤销"单选按钮，在右侧窗口中输入或选择需要查询的卡号，即可完成委托查询操作。

　　在左侧的导航栏中选中"历史交易明细查询"单选按钮，在右侧窗口中选择相关信息，如卡号、申购品种、起止日期等，如图 9-5 所示，单击"查询"按钮即可查询

历史交易明细。

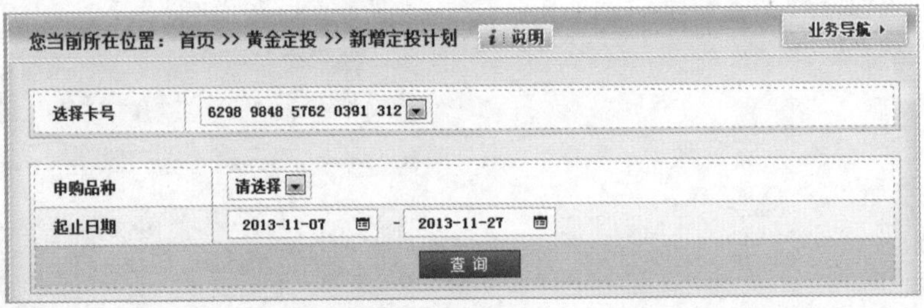

您当前所在位置: 首页 >> 黄金定投 >> 新增定投计划 *i* 说明   业务导航 ▶

选择卡号	6298 9848 5762 0391 312 ▾

申购品种	请选择 ▾
起止日期	2013-11-07 📅 - 2013-11-27 📅

查询

图 9-5　历史交易明细查询页面

9.4　实战：手机黄金理财

随着国际黄金价格近年来一路上扬，部分以黄金为标的理财产品也一路飙升，走出了 2013 年"黄金崩溃"的颓势。黄金市场的逐步平稳，必将再一次引起人们投资黄金的热潮。本节以"掌金宝"App 为例，讲解通过手机进行黄金理财的具体方法。

238　一步到位查看黄金行情

"掌金宝"App 由恒汇贵金属专家团队全力研发，是一款不错的专业手机掌上贵金属行情分析软件，如图 9-6 所示。"掌金宝"App 的"行情"界面包括了贵金属、商品和财经日历三个板块。在"贵金属"界面中，用户可以查看各大黄金交易所的价格走势，并会实时更新，如图 9-7 所示。

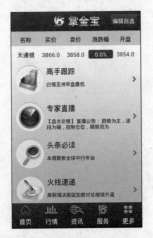

图 9-6　"掌金宝"App 主界面

图 9-7　"贵金属"界面

展开"国际"选项，可以查看各类国际贵金属的价格，如图 9-8 所示。单击"现货黄金"选项进入"K 线"界面，如图 9-9 所示，可以查看现货黄金的行情走势。

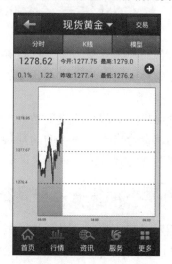

| 图 9-8 国际贵金属价格 | 图 9-9 "K 线"界面 |

239 教你如何进行黄金产品交易

通过"掌金宝"App，用户可以进行模拟交易，如图 9-10 所示。单击"建仓"按钮进入其界面，设置相应的交易类型、商品、手数以及买或卖，下面会显示卖价、卖价以及所需保证金，如图 9-11 所示，单击"确定"按钮即可完成建仓交易。

图 9-10 模拟交易界面

图 9-11 "建仓"界面

9.5 如何进行黄金期货理财

期货与现货完全不同，现货是实实在在可以交易的货品(商品)，期货不是货品，而是以某种大宗产品如棉花、大豆、石油等及金融资产如股票、债券等为标的标准化可交易合约。

顾名思义，黄金期货就是以黄金为标的物的期货。它是指以国际黄金市场未来某时点的黄金价格为交易标的的期货合约，投资人买卖黄金期货的盈亏，是由进场到出场两个时间的金价价差来衡量，契约到期后则是实物交割。

240 黄金期货有哪些特征

相对于其他黄金理财产品，黄金期货的投资优势集中体现在以下几个方面。

(1) 双向交易，可以买涨，也可以买跌。

(2) 实行 T+0 制度，在交易时间内，随时可以买卖。

(3) 以小博大，只需要很小的资金就可以买卖全额的黄金。

(4) 价格公开、公正，24 小时与国际联动，不容易被操纵。

(5) 市场集中公平，期货买卖价格在一个地区、国家，开放条件下世界主要金融贸易中心和地区价格是基本一致的。

(6) 套期保值作用，即利用买卖同样数量和价格的期货合约来抵补黄金价格波动带来的损失，也称"对冲"。

241 如何计算黄金期货保证金

交易人在进入黄金期货交易所之前，必须要在经纪人那里开个户头。交易人要与经纪人签订有关合同，承担支付保证金的义务。如果交易失效，经纪人有权立即平仓，交易人要承担有关损失。

当交易人参与黄金期货交易时，无须支付合同的全部金额，而只需支付其中的一定数量(即保证金)作为经纪人操作交易的保障，一般将保证金定在黄金交易总额的10%～16%。保证金是对合约持有者信心的保证，合约的最终结果要么以实物交割，要么在合约到期前做相反买卖平仓。

242 黄金期货开户的方法

投资者要炒黄金期货，首先要办理黄金期货开户，接下来介绍个人客户和法人客户的黄金期货开户流程。

1．个人客户

如果是本地客户，可以持个人身份证直接去当地的期货公司办理黄金期货开户，也可以在网上进行开户，无须亲自到银行营业厅或期货公司去办理。

首先，投资者需开通使用银行账户所在银行的网上银行。开通网银后，进入网上银行界面，单击"理财"按钮，然后选择下方的"风险评估"。

其次，在"理财"栏里选择"贵金属"，然后再单击"贵金属客户签约"，并输入密码，详细阅读协议内容，单击"接受业务协议"后，即可选择签约银行。

再次，进入签约信息的界面，需要选择"合作机构客户"的机构编码，签署期货经纪合同。

最后，注册成功后，将"黄金交易编码"发给网站客服即可完成黄金期货开户，投资者可领取交易账号和密码，以及银证转账密码。只要在银行账户里预存一些资金，即可从事黄金期货交易。

2．法人客户

法人客户要办理黄金期货开户，需出示公司的营业执照、税务登记证、组织机构代码证的副本原件、法定人身份证原件及其授权书、经办人身份证原件以及交易要求的其他材料。如果是国有企业或者是国有资产占控股地位或主导地位的企业，还需出示主管部门或董事会批准进行期货交易的文件。

法人客户持相关材料到当地期货公司，申请办理黄金期货开户手续。开户前，法人客户所在的公司需拥有一个企业账户，并开通银证转账业务，用于黄金期货交易时的资金转账。与期货公司签订相关协议后，可领取交易账号和密码以及印签卡，完成黄金期货开户，同样的，法人客户要想进行黄金期货交易，也需往银行账户里预存一些资金。

243 需要知晓黄金期货交易具体内容

黄金期货市场交易内容主要包括保证金、合同单位、交割月份、最低波动限、期货交割、佣金、日交易量、委托指令。

(1) 保证金。交易人在进入黄金期货交易所之前，必须要在经纪人那里开个户头，在参与期货投资前支付一定比例的保证金即可。

(2) 合约单位。其他期货合约一样，由标准合约单位乘合约数量来完成。

(3) 交割月份。黄金期货合约要求在一定月份提交规定成色的黄金。

(4) 最低波幅和最高交易限度。最低波幅是指每次价格变动的最小幅度，如每次价格以 10 美分的幅度变化；最高交易限度，如同目前证券市场上的涨停和跌停。纽约交易所规定每天的最高波幅为 75 美分。

(5) 期货交付。购入期货合同的交易商，有权在期货合约变现前，在最早交割日以后的任何时间内获得拥有黄金的保证书、运输单或黄金证书。同样，卖出期货合约的交易商在最后交割日之前未做平仓的，必须承担交付黄金的责任。

(6) 当日交易。期货交易可按当天的价格变化，进行相反方向的买卖平仓。当日交易对于黄金期货成功运作来说是必需的，因为它为交易商提供了流动性。

(7) 指令。指令是顾客给经纪人买卖黄金的命令，目的是为防止顾客与经纪人之间产生误解。

244 如何结算黄金期货交割

实物交割是指期货合约到期时，交易双方通过该期货合约所载商品所有权的转移，了解到期未平仓合约的过程。投资者在进行黄金期货交割前，还应熟悉关于黄金交割结算与发票流程的规定。

(1) 交割时间。黄金期货的交割结算价按该合约最后 5 个交易日成交量的加权平均价计算。交割结算时，买卖双方按该合约的交割结算价进行结算。

(2) 结算。买卖双方的交割货款按仓单的标准重量(纯重)进行结算。交易所只对会员进行结算，买方客户的货款须通过买方会员转付，卖方客户的货款须通过卖方会员转收。

(3) 货款的计算公式：交割货款=标准仓单张数×每张仓单标准重量(纯重)×交割结算价。

(4) 交割发票。黄金期货在进行实物交割时统一开专门用于黄金交割结算和溢短结算的普通发票。

9.6 高手黄金理财的绝招

作为一名家庭的黄金投资者，需要掌握黄金投资的相应技巧，以应对黄金投资中的相应问题。

245 纸黄金开户交易方法

目前，国内主要有中国银行、工商银行、建设银行三家银行开通纸黄金交易平台。开户流程如下。

(1) 开户。目前三大交易平台交易方式基本上都是开通电话或者网点开户为主，依照此类交易方法，只要带着有效身份证件以及与不低于购买 10 克黄金的现金，注意具体携带金额需要依据当时的黄金价格决定，然后到代理炒黄金业务地银行开设纸黄金买卖专用账户即可。

(2) 利用账户交易。专用账户开通后，依据"纸黄金投资指南"，投资者便可以考虑自己的操作策略了，同时还可以通过电话了解到当日的黄金价格及纸黄金价格，然后进行直接交易。

实际上，电话银行交易过程与股票市场地该交易基本相同。不同的是，纸黄金交易直接可以将银行存折与黄金市场对接，部分投资者还可以同时利用一个账户上同期办理外汇交易业务，因为纸黄金本身就是一种外汇业务。

246　掌握买卖的时机

股市俗语说："股票好买难卖。"在黄金市场上也不例外。黄金投资如外汇投资、股票投资一样，要时刻关注行情的变化和走势。"低买高卖"的投资原则同样适合"纸黄金"操作。

(1) 买入黄金。在判断了黄金价格的下跌支撑位后，由于金价的下跌，使均线都压在 K 线上方，或者金价在预测支撑位止跌并不再下行，此时不能盲目买入。如果趋势确认上行后，在阶段性低位可以再逐渐加仓，也可以利用均线与 K 线的组合逐步建仓。

(2) 卖出黄金。价格持续上升，最终拉出一根长阳线，但是第二个交易日价格却呈现了高开低走的阴线或者拉出一根小十字星，说明市场将转势，此为卖出信号。

247　量身定做买黄金

投资者炒金的目的需要明确，应该看准金价趋势，选择一个合适的买入点介入金市，做中长线投资。当然，不同家庭情况的投资者有不同的选择。

(1) 富有的家庭投资者。可以选择投资实物黄金，充分利用它的保值和避险功能，为家庭做好黄金储备。

(2) 高学历的专业投资者。可以选择黄金凭证式，可以将股市的技巧挪到金市上来，并关注与分析国际政治经济形势，即可在纸黄金的交易中获取收益。

(3) 中老年家庭投资者。由于这类人群比较熟悉邮品市场或收藏品市场，可以投资金银纪念币，其溢价程度和行情走势类似于邮品。

(4) 女性投资者。爱美是女人的天性，因此可以选择投资黄金饰品，在拥有奢侈品的同时也能达到理财的目的。

第 10 章
基金理财：专家都在帮你理财

学前提示

对理财初学者而言，基金是一门比较神奇、专业的理财渠道。基金理财主要是以间接的方式参与，把自己的资本交付给基金机构，由他们的专业人士负责打理。这种理财方式的优点体现在专家拥有比你更专业的理财知识。所以这种理财方式对初学者而言是个不错的渠道。

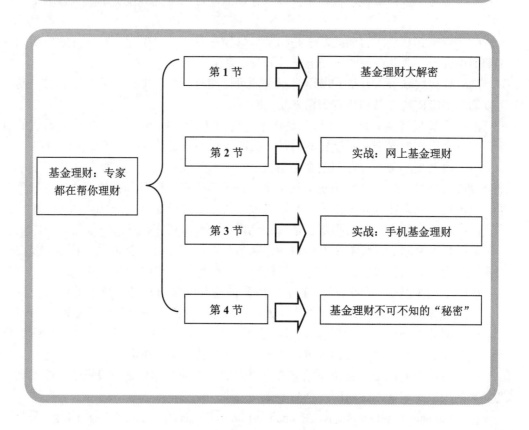

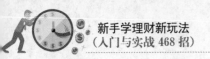

10.1 基金理财大解密

"存银行不甘心，炒股票不放心，做地产不安心，买基金最省心。"这句话很好地形容了现如今基金在投资市场上的重要地位，基金以其稳健和易于打理等特点，日渐获得广大投资者的青睐。

248 什么是基金

基金英文为 Fund，原意就是资金，简单地说，基金就是通过汇集众多投资者的资金，交给银行托管，并由专业的基金管理公司负责投资于股票和债券等证券，以实现保值增值的目的。

249 基金的 11 种类

基金的种类多种多样，根据不同的划分标准，可以将证券投资基金划分为不同的种类。

(1) 封闭式基金。封闭式基金是指基金规模在发行前已确定、在发行完毕后的规定期限内固定不变并在证券市场上交易的投资基金。

(2) 开放式基金。开放式基金是指份额可以随时改变，即购买后可以随时交易，可以通过二级市场交易和持有到期来获利。

(3) 成长型基金。成长型基金是指基金管理人为了实现基金资产长期增值的目标，将基金资产投资于信誉度较高的、又长期成长前景或长期盈余的公司的股票。

(4) 收益型基金。收益型基金是指基金管理人不注重公司资本增值，而以追求基金当期收入为投资目标，将历史分红记录不错的绩优股和债券等有价证券作为投资对象，将所得的利息和红利等都分配给投资者，从而赚取稳定收益。

(5) 股票型基金。股票型基金是指 60%以上的基金资产投资于股票的基金。

(6) 债券型基金。债券型基金以国债和金融债等固定收益类金融工具为主要投资对象的基金，因为其投资的产品收益比较稳定，又被称为"固定受益基金"。

(7) 主动型基金。主动型基金是指基金管理人以取得超越市场的业绩表现为目标，自己挑选适合的股票或者债券来买入，可以主动去选择各种投资的配置。

(8) 被动型基金。被动型基金也称为指数型基金，一般选取特定的成分股指数作为投资的对象，不主动寻求超越市场的表现，而是试图复制指数。

(9) 货币市场基金。货币市场基金有"准储蓄"的美称，是指投资于风险低和流通性高的银行短期货币工具的基金品种。

(10) Exchange-traded Funds。Exchange-traded Funds 简称 ETF，中文称为交易型开

放式指数基金，可在证券交易所进行买卖，综合了开放式基金、封闭式基金以及指数基金的优点。

(11) Listed Open-ended Funds。Listed Open-ended Funds 简称 LOF，中文称为上市型开放式基金，是一种开放式基金，既可以在交易所外的市场上进行基金份额申购赎回，又可以在交易所进行买卖，其申购和赎回均以现金方式进行。

250　基金如何运作

基金的运作包括基金的市场营销、基金的募集、基金的投资管理、基金资产的托管、基金份额的登记、基金的估值与会计核算、基金的信息披露以及其他基金运作活动在内的所有相关环节。

(1) 基金的运作机制：包括投资组合和信托机制两种。

(2) 投资基金的运作流程：包括"投资者资金汇集成基""基金委托投资专家"以及"基金管理人经过专业理财将投资收益分给投资者"三个步骤。

251　为什么要选基金

基金投资之所以受到投资者的青睐，关键原因在于其突出的优势，具体表现在以下四个方面。

(1) 专家理财，独立托管。投资基金后便会有一批既有较高学历、又有丰富投资经验的专家帮助用户进行理财，他们了解金融市场的运作情况，使投资者赚得更多。基金公司不但负责基金的投资操作，为投资者记录税务和抽资所需的文件，还可以为投资者提供准确且详细的年结单。

(2) 集合投资，分散风险。基金公司通过集中大量中小投资者的资金，可以在投资活动中处于强势地位，具有直接或间接操纵市场的能力，通过各种手段给投资者带来利润。基金公司拥有雄厚的实力，可以同时分散投资于股票、债券以及现金等多种金融产品，分散了对个股集中投资的风险。

(3) 成本低廉，手续简便。投资者拥有 1000 元即可进行基金投资，而且还可以享受税收上的优惠。基金投资的手续费用比较低，而且操作简单，投资者只要以电话和邮寄填妥表格的方式认购，即可购买基金。

(4) 严格监管，套现灵活。基金投资由中国证监会进行非常严格的监管，保障资金运行的安全性，并对各种有损投资者利益的行为进行严厉的打击。另外，基金大多有较强的变现能力，可以随时出售所持有的基金。

252　中国现代的基金状态

基金投资在我国开始于 1998 年 3 月，大致经历了基金试点阶段、老基金清理规

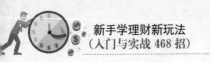

范阶段和市场化发展三个阶段。近年来，我国基金业顺应资本市场发展和对外开放的趋势，积极进取，加快发展，获得了很大的进步。其中，《中华人民共和国证券投资基金法》的生效实施，对于基金业的长期稳定发展，为基金业提供了坚实的法律保障。

10.2　实战：网上基金理财

随着证券分析技术和软件技术的发展，炒基金软件进化出了很多功能：基金交易、收益管理、净值及行情查询、筛选分析等多项实用基金分析管理功能。本节主要以数米基金宝为例，介绍数米基金宝理财的主要功能应用方法。

253　如何查看基金走势

登录数米基金宝平台，使用小键盘输入相应基金的代码，如信达利 B 的代码"150082"，如图 10-1 所示。按 Enter 键确认，即可看到信达利 B 的单位净值走势图，用户可以在此设置涨幅区间、叠加品种、时间段等条件，如图 10-2 所示。在"叠加"列表框右侧选中"上证指数"和"深证指数"复选框，即可显示相应的叠加走势。单击顶部的"添加关注"按钮，进入"我关注的基金"界面，即可看到添加的关注基金。

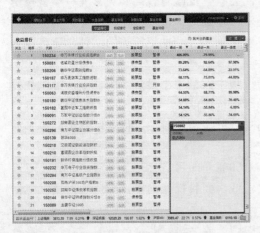

图 10-1　输入基金代码

图 10-2　基金走势图

254　教你如何分析基金报价

在"基金数据"界面列出了份额变动、持有人统计、资产配置、行情配置、交叉持股等数据报表，如图 10-3 所示。默认显示为份额变动报表，投资者在选择基金时，除了考虑业绩和风险等因素外，对份额变动情况也应引起足够的关注。单击右上角的"过滤"按钮，可以在弹出的功能区中设置相应的过滤条件，如基金公司、基金类型、申购状况和赎回状况等。

图 10-3　"基金数据"界面

在"持有人统计"选项区中，显示基金的持有人统计情况，包括基金类型、资产净值、资产总值、持有人户数等。在"资产配置"选项区中，显示基金的资产配置况，包括市值、占净值比例、占总值比例、季度总值比例增减等。在"行业配置"选项区中，用户可以在右上角的列表框中选择查看基金的行业配置情况。在"交叉持股"选项区中，显示了不同的企业之间互相参股的情况，如图 10-4 所示。

图 10-4　"交叉持股"选项区页面

255　大盘指数查看的方法

　　单击顶部的"大盘指数"按钮进入其界面，用户可以在此对比查看上证指数、深证成指、沪深 300 与基金指数的走势图，如图 10-5 所示。

图 10-5　"大盘指数"界面

　　然后单击"基金指数"窗口中的"K 线"按钮，即可查看基金指数的日 K 线走势图。使用鼠标拖曳下面的![]图标，可以设置 K 线图的时间显示范围。使用鼠标拖曳下面的![]滑块，可以查看各阶段的历史 K 线图。

　　再单击左侧的"周 K 线"按钮，即可查看周 K 线图。单击左侧的"分时走势"按钮，即可查看分时走势图，如图 10-6 所示。

图 10-6　"分时走势"界面

256 怎样对基金的净值进行估算

单击顶部的"基金净值"按钮进入其页面，可以查看开放式基金的净值列表，如图 10-7 所示。单击"单位净值"标签，可以改变该列的排序方式，方便用户进行对比。在该页面中，用户还可以切换查看股票型、债券型、混合型、保本型、指数型、QDII、创新型、ETF、LOF、ETF 联接、货比型、短期理财、封闭式、集合理财等基金类型的净值列表。

图 10-7 "基金净值"界面

单击顶部的"净值估算"按钮进入其页面，列出了所有基金的净值估算表格，用户可以在此查看基金的估算值、估算增长率、单位净值、净值增长率、估算偏差率、上期净值等数据，如图 10-8 所示。

图 10-8 "净值估算"界面

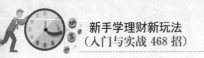

257 基金的排行信息查询的诀窍

单击顶部的"基金排行"按钮进入其界面，默认显示基金的收益排行列表，如图 10-9 所示。单击"阶段排行"标签进入其界面，显示相应时间段的基金排行情。用户可以在上方设置相应的时间段，单击"查询"按钮，即可查看该时间段基金排行的具体情况。

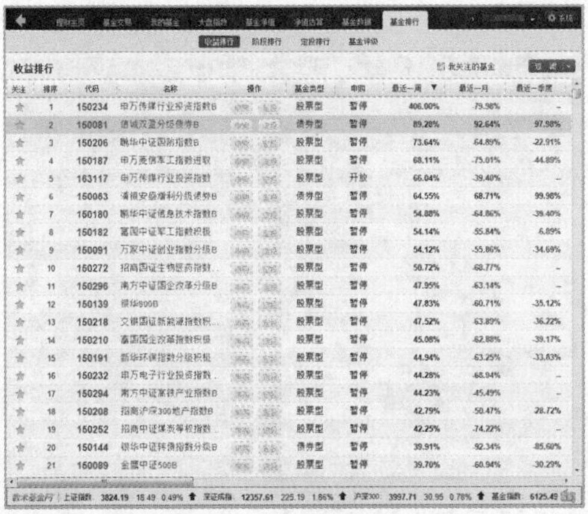

图 10-9 收益排行列表页面

另外，用户也可以直接单击右侧的一周、一个月、半年、2015 年、2014 年等按钮来设置时间段。单击"定投排行"标签进入其界面，显示基金定投的排行情况。单击"基金评级"标签进入其界面，用户可以在此查看所有基金的评级情况。用户可以在该界面顶部设置相应的星级，例如，单击"全部五星"按钮，即可筛选出所有的五星基金，如图 10-10 所示。

图 10-10 筛选出所有的五星基金页面

258 基金的财务分析

在基金投资的分析中，其中有一项是针对基金管理公司的财务数据图表分析，数米基金宝通过将各种复杂的财务数据通过图形和表格的形式表达出来，使基金管理公司的经营绩效清晰地展示在投资者的面前，并可以在基金管理公司之间、板块之间做各种比较、计算，还配以丰富的说明，让以前没有财务分析经验的投资者轻松掌握这一新的强大的工具。

(1) 在某只基金的走势图界面中，单击左侧的"基本概况"按钮进入其窗口，用户可以在此查看该基金的名称、成立日期、投资目标、投资范围、投资策略、业绩标准以及所属基金公司等资料，如图 10-11 所示。

图 10-11 基本概况

(2) 单击左侧的"基金经理"按钮进入其窗口，可以查看该只基金的所有基金经理人简历、任职日期以及历任业绩回报情况。

(3) 单击左侧的"分红拆分"按钮进入其窗口，可以查看该只基金的分红、拆分和折算情况。

(4) 单击左侧的"份额变动"按钮进入其窗口，可以查看该只基金的总份额、总份额增减、总申购份额以及总赎回份额数据。

(5) 单击左侧的"持有人"按钮进入其窗口，可以查看该只基金的持有人总数、持有人总数半年增减、户均持有份额等数据，以及机构与个人的持有情况。

(6) 单击左侧的"资产配置"按钮进入其窗口，可以查看该只基金的资产类别、市值、占净值比例、季度净值比例增减等数据。

(7) 单击左侧的"行业配置"按钮进入其窗口，可以查看该只基金所投资的行业名称、市值、占净值比例、占总净值比例增减等数据。

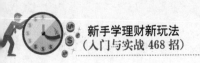
(8) 单击左侧的"重仓持股"按钮进入其窗口，可以查看该只基金的持有数量、持股增减、市值、占净值比例、季度净值比例增减等数据。

(9) 单击左侧的"持债明细"按钮进入其窗口，可以查看该只基金的债券代码、债券品种、市值、占净值比例、占总净值比例增减等数据。

(10) 单击右侧的时间列表框，用户可以在其中选择相应的时段，查看该基金的历史持债明细情况，如图 10-12 所示。

图 10-12　历史持债明细情况

10.3　实战：手机基金理财

如今，理财越来越智能化和方便化，投资者使用手机即可随时随地进行查询基金份额、购买基金、赎回基金等操作。本节将介绍一些热门的手机炒基金软件。

用户通过手机银行即可查看并购买各种基金，本节以工商银行的手机银行客户端为例，讲解如何通过手机银行购买基金。

259　如何开通基金账户

若用户第一次使用工商银行的手机银行购买基金，还需要先开立基金交易账户。进入工商银行手机银行的"投资理财"界面，如图 10-13 所示，单击"基金业务"按钮。执行操作后，进入"基金业务"界面，单击"我的基金"按钮。

进入"开立基金交易账户"界面，显示提示信息，单击"确定"按钮。阅读中国工商银行个人基金交易账户电子银行开户须知后，单击"确定"按钮。输入联系电话号码等信息后，单击"确定"按钮，如图 10-14 所示。稍等片刻，即可完成基金交易账户的开立。

图 10-13 "投资理财"界面

图 10-14 "开立基金交易账户"界面

260 怎样查看基金信息

使用手机银行购买基金最大的优势是可选品种全面，用户可以通过工商银行的手机银行客户端，查看大部分基金的信息。

在工行手银的"投资理财"界面单击"基金业务"，在"基金业务"界面单击"购买基金"按钮；在新打开的界面中，用户可在搜索栏输入基金关键字或代码进行查找，也可以在列表中查看基金，如图 10-15 所示。单击任意基金名称，即可进入"基金详情"界面查看该基金详情，如图 10-16 所示。

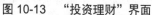

图 10-15 "基金业务"界面

图 10-16 "基金详情"界面

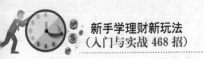

261　教你怎样买卖基金

完成前述步骤后，用户还需要在银行柜面签署基金合同并办理相关业务，才能使用手机购买基金。

用户按照前述方式挑选好基金，并在基金详情界面单击"购买基金"按钮后，即可进入"购买基金"界面，用户填写购买金额等信息后，单击"下一步"按钮，如图 10-17 所示。确认购买信息无误后，单击"确定"按钮，按照页面提示输入密码后，即可完成基金的购买。若用户通过工行手银购买基金，则可查询购买基金的状况。进入"基金业务"界面，单击"我的基金"按钮。进入"我的基金"界面，显示用户已经持有的基金，单击基金可查看详情。另外，用户还可以通过手机银行将自己购买的基金赎回(非封闭式)。进入"我的基金"界面单击所持有的基金。选择相应基金进入详情界面，单击"基金赎回"按钮。进入"赎回基金"界面，输入需要赎回的份额等信息后，单击"下一步"按钮，确认信息无误后单击"确定"按钮，如图 10-18 所示。用户根据页面提示，输入密码后即可完成基金的赎回。

图 10-17　"购买基金"界面

图 10-18　"赎回基金"界面

10.4　基金理财不可不知的"秘密"

投资者在选择基金理财产品时，对自己要有一个清醒的认识。由于基金理财产品的种类很多。所以投资者应该对自己的风险承受能力和资产状况作出清晰的评估，合理选择理财产品。

262　五大基本原则购买基金一步到位

不同类型的基金，风险和收益水平各有不同，其交易方式也有差别。买基金前，首先就要弄明白自己要买什么类型的基金。挑选基金可遵循以下几点原则。

(1)　选择业绩好的基金。基金的业绩包括短期、中期与长期业绩以及业绩的持续能力等，投资者要考虑投资的安全性、流动性以及现金分红等方面。

(2)　选择可以承受住风险的基金。只有找到最适合自己的基金投资，才会更好地把握投资时的风险。

(3)　选择适应当前市场的基金。由于不同类型的基金表现存在很大的差异性，所以投资者应选择最适合当前市场特点的基金进行投资。

(4)　选择成本低的基金。例如，买卖货币市场基金一般都免收手续费、认购费、申购费以及赎回费，资金进出很方便，既降低了投资成本，又保证了流动性。

(5)　选择基金组合进行投资。如果每支基金的投资范围雷同，那就会出现"一荣俱荣、一损俱损"的局面，风险太过集中，实不可取。

263　四大要点完胜基金定投

基金定投是一种中长期的理财工具，因为既省去了购买的手续，对投资时机也有所弱化。只有掌握了基金定投的交易要点，才能使投资者在投资中得到更多的收益。

(1)　做好基金定投准备工作。只要投资者根据自身财务状况和理财目标，选定相应的基金，去任何一家金融机构就可以办理该业务了，然后每个月就像银行扣取水电费一样，扣取投资者的钱用于基金投资，即可开始基金定投。

(2)　选择基金定投产品。在进行挑选定投基金时应该注意几点：要先考察基金累计净值增长率；应该选择投资经验丰富且值得信赖的基金公司；不是每只基金都适合以基金定投的方式投资，还要考虑投资的市场；要注重市价波幅的大小。

(3)　中途退出基金定投的方法。出现以下情况，可以中途退出基金定投：基金面临的市场环境发生了很大的变化；基金的性质发生了变化；自身的投资条件有了变化；基金的交易方式发生了转变；基本实现了收益目标。

(4)　不同市场表现的定投方法。股市调整期以及"超跌"但本质不错的市场最适合开始基金定投。但在快速上涨的市场，定投则不如单投。

264　基金定投四高招

基金定投的方式不但能平均成本、分散风险，而且其类似于储蓄的方式是很多投资者认可的。基金定投有如下投资技巧。

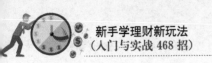
(1) 组合定投，保持较高投资效率。组合定投的投资对象一般由 2～3 只基金组合而成。例如，可以选两只风格都比较激进的股票型基金作为定投的对象；同样可以选择一只稳健型的基金和一只成长型的基金构成一个组合。

(2) 低位市场，不要停止进行定投。因为基金定投可以平摊风险，因此在下跌的市场里，应该坚持定投，有条件的还可以增加定投资金。

(3) 变额定投，突破交易规则限制。例如，准备每月定投 1000 元的 ETF，可以设立一个波动区间，比如 100 点：即股指(股票价格指数)每上涨 100 点，每月投资金额就应减少 50 元；反之，股指每下跌 100 点，每月的投资金额就应增加 50 元。

(4) 选择定赎，预备应急资金。在你面临资金需求时，可以选择定时定额赎回的方式，从而使获得的收益逐步变现，还可以降低投资者一次性赎回基金的风险。

265 六招让你高效购买基金

在证券市场上，基金与股票的重要程度差不多，是众多理财产品中较稳定的一种。其种类繁多，不同的基金也适合不同的投资者。因此，在进行购买基金时，也需要从不同的角度考虑。

(1) 对比新老基金。申购老品种基金类型时，则应该注意该基金的上市时间、资产规模、抵御风险能力和累计份额的大小程度，从而分析它的收益情况是否良好。

(2) 对比基金大小规模。大基金灵活性较差，规模太大，运作难度相对较大，仓位难以进行及时调整，获取超额收益的能力也比较差。规模太小的基金可能令某些个股出现过度配置，导致业绩波动性加大，容易让投资者对其能力产生怀疑。

(3) 分析基金的基本面。基金的所谓基本面主要包括基金公司管理、投资管理和服务管理的综合实力，在风云变幻的市场上，经过历练的投资团队胜算会更高。

(4) 观察基金的运作情况。买了基金后还需要观察基金公司的投资风格是否稳健、业绩是否良好以及服务是否跟得上等。

(5) 采取"定期定投"的申购方式。"定期定投"是指设定一个日期，每个月银行就会在那天自动扣款，购买所指定的基金。这种方式可以规避股市调整所出现的风险，还能利用每个月的固定拥有基金的潜在价值来加快投资者的资产增值。

(6) 利用复利的投资方法进行投资。复利投资是指利息除了会根据本金计算外，新得到的利息同样可以生息，因此俗称"利滚利"或"利叠利"，会使所拥有的基金具有发展潜力。

266 交易成本，你需要知道五招降低技巧

目前，主流的开放式基金交易成本较高，基金投资金额较大甚至要支付上万元的费用，尤其是有的投资者将基金当股票一样高卖低买、频繁申购赎回，使投资基金的

成本侵蚀了自己的大量投资收益。那么，该如何降低基金的交易成本呢？

(1) 利用网上电子直销。投资者要善于利用网络交易，网络交易方式不仅方便快捷，更重要的还可以"天天特价"，很好地降低了投资成本。

(2) 采用后端收费模式。后端收费是赎回时再支付费用，如果投资者打算进行中长期投资，就要选择后端收费方式，这样会大大地降低了投资成本。

(3) 团购基金产品。投资者可以结合朋友和同事一起购买，也就是基金团购，这使一次性购买基金的额度达到享受手续费优惠的金额，就有可能节省大笔费用。

(4) 避免频繁买卖基金。基金本身所奉行的价值投资理念决定了其收益是细水长流式的，适合于长期投资，因此投资者不要频繁地买卖基金。

(5) 分批建仓以摊薄成本。如果基金投资的费用比较高，投资者可以利用分摊成本的方法来降低成本，增加收益。即按照股票建仓那样分批买进，这样一来降低风险，二来降低交易成本。

267 理解基金需要认识五大误区

马克思说："一旦有 20%的收益，资本就活跃起来。"虽然基金投资是再简单不过的事情，但是大多数人都不可能完全理解和掌握的。因此，很多人容易对基金产生主观上的误解，主要包括以下七个方面。

(1) 把基金当股票。基金的优势在于其长线价值，对于广大散户来说，买了基金就多省省心，不要把基金当股票炒。

(2) 没有明确的投资目标。投资者必须多了解基金的基础知识，制定明确的投资目标，并明白如何进行投资。

(3) 买基金没有风险。基金是专家代理投资者进行投资理财的，和任何投资一样，任何时候买基金都存在风险。

(4) 基金越便宜越好。基金的卖出净值比买入净值高出的幅度，即净值增长率，才是判断基金赚钱能力的重要指标，而不是买入时净值的高低。

(5) 基金分红越多越好。对于具有长期投资价值的基金来讲，多分红将使投资者得到更多的现实收益，但也使投资者失去了应有的长期投资机会。

268 操作基金需要认识七大误区

投资者除了对于基金的理解容易产生错误的理解外，在进行基金投资的操作过程中，也会存在多种误区。

(1) 进行波段操作。波段操作是一些短线投资者常用的股票操作手段，但基金不能完全准确地判断所谓的"高位"和"低位"，因此在基金的投资中并不适合。

(2) 缺乏核心组合。在基金的投资过程中，有很多的基民虽然付出了很多，但是

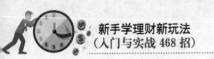
收益却并不是很理想，其中重要的原因之一就是没有建立基金的核心组合。

(3) 持有基金数目过多。购买多只基金能够在一定程度上避免风险，但却并不明显。在基金投资中，要想避免风险最重要的应该是看基金经理的投资策略。

(4) 把死守当长期持有。长期持有不等于死守不放，而应顺应不同的时机、环境与个人的投资目标及阶段，建立最适合自己的资产配置和投资组合。

(5) 倾其所有投资基金。倾其所有进行投资基金，既影响了正常的生活开支，也应付不了不时之需，同时，遇到市场下跌，投资心态也会受到很大的影响。

(6) 直接交给基金公司。对于投资者来说，了解投资者基金的经营变动情况和市场上优秀基金的业绩表现，定期检查投资收益，根据市场的节奏变化，及时转换手中的基金，是十分必要的。

(7) 忽略基金投资细节。在基金的投资过程中，有些基民只注意大环节，而忽略了一些细节性的问题，从而增加了投资成本和风险，减少了收益。

第 11 章
期货理财：以小搏大的投资

目前国内的期货市场发展迅速，更多的投资者开始瞄准了期货。期货有着"杠杆原理"，且收益颇高，吸引了很多人参与进来。由于期货市场上商品的特点，它的价格很难被操作，因而对于理财初学者而言期货理财是个不错的选择。

学前提示

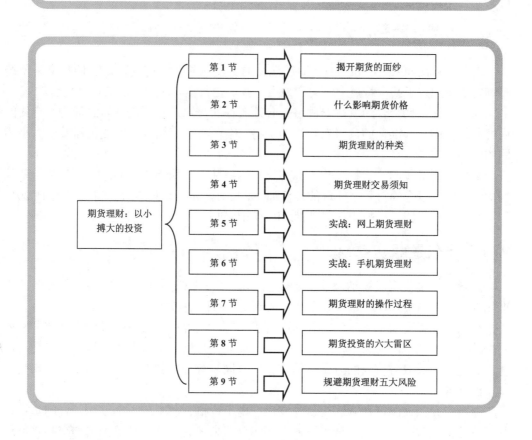

期货理财：以小搏大的投资		
第 1 节	→	揭开期货的面纱
第 2 节	→	什么影响期货价格
第 3 节	→	期货理财的种类
第 4 节	→	期货理财交易须知
第 5 节	→	实战：网上期货理财
第 6 节	→	实战：手机期货理财
第 7 节	→	期货理财的操作过程
第 8 节	→	期货投资的六大雷区
第 9 节	→	规避期货理财五大风险

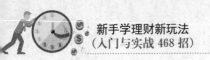
11.1　揭开期货的面纱

期货市场是一个形成价格的市场，供求关系的瞬息万变都会反映到价格变动之中。投身期货市场的投资者必须有着敏锐的眼光和高超的操作技巧，而这些是建立在熟知期货知识的基础上的。

269　什么是期货

期货英文为 Futures，表面意思是"未来"，这非常直观地揭示了期货的特点，其含义是交易双方不必在买卖发生的初期就交收实货，而是共同约定在未来的某一时候交收实货，因此称其为"期货"。

期货与现货完全不同，现货是实实在在可以交易的货(商品)，期货主要不是货，而是以某种大宗产品如棉花、大豆、石油等及金融资产如股票、债券等为标的标准化可交易合约。

270　什么是期货合约

期货合约(Futures Contract)是期货交易的买卖对象或标的物，是由期货交易所统一制定的，规定了某一特定的时间和地点交割一定数量和质量商品的标准化合约。

简单地说，期货合约就是一种将来必须履行的合约，而不是具体的货物。合约的内容是统一的、标准化的，只有合约的价格，会因各种市场因素的变化而发生大小不同的波动。

期货合约对应的"货物"称为标的物，通俗地讲，期货要炒的那个"货物"就是标的物，它是以合约符号来体现的。例如 SR1101，是一个期货合约符号，表示 2011年 1 月交割的合约，标的物是白砂糖(SR 为白砂糖)。

271　什么是期货交易

期货交易是投资者缴纳 5%～15%的保证金后，在期货交易所内买卖各种商品标准化合约的交易方式，它是市场经济发展到一定阶段的必然产物。

最初的期货交易，商品生产者为了规避风险，从现货交易中的远期合同交易发展而来的。在远期合同交易中，交易者集中到商品交易场所交流市场行情，寻找交易伙伴，通过拍卖或双方协商的方式来签订远期合同，等合同到期，交易双方以实物交割来了结义务。

交易者在频繁的远期合同交易中发现：由于价格、利率或汇率波动，合同本身就具有价差或利益差，因此完全可以通过买卖合同来获利，而不必等到实物交割时再获利。为适应这种业务的发展，期货交易应运而生。

272　什么是期货交易市场

狭义上的期货市场就是期货合约交易的场所，即我们常说的期货交易所；广义上的期货市场范围更广，包括期货交易所、结算所或结算公司、经纪公司和期货交易员等。了解期货交易市场的组成部分以及相关功能，可以为投资期货提供理论依据。

1．期货市场组织结构

期货市场由期货交易所、期货结算所、期货经纪公司以及期货交易者(包括套期保值者和投机者)四个部分组成。

2．期货市场主要功能

期货有发现价格、规避风险的作用，对企业来说是套期保值，把风险转移到期货市场，对个人来说是投机，承担风险，获取利润。期货的这些作用与期货市场的功能是分不开的。期货市场具有风险管理、供求发现、价格发现、价格稳定等功能。

3．期货市场基本制度

(1)　保证金制度。在期货交易中，任何交易者必须按照其所买卖期货合约价值的一定比例(通常为 5%～10%)缴纳资金，作为其履行期货合约的财力担保，然后才能参与期货合约的买卖，并视价格变动情况确定是否追加资金。这种制度就是保证金制度，所交的资金就是保证金。

(2)　每日结算制度。期货交易的结算是由交易所统一组织进行的。期货交易所实行每日无负债结算制度，又称"逐日盯市"，是指每日交易结束后，交易所按当日结算价结算所有合约的盈亏、交易保证金及手续费、税金等费用，对应收应付的款项同时划转，相应增加或减少会员的结算准备金。

(3)　涨跌停板制度。涨跌停板制度又称每日价格最大波动限制，是指期货合约在一个交易日中的交易价格波动不得高于或低于规定的涨跌幅度，超过该涨跌幅度的报价将被视为无效，不能成交。

273　期货交易需要知道的术语

期货交易中的术语是学习期货的必备常识，这些术语还包含一些期货交易中的规则和特点。

1．行情术语

(1)　委托单：经由计算机终端输入的商品买卖订单。
(2)　成交单：经计算机配对后产生的买卖合约单。

(3) 开盘价：某品种某合约每一交易日开市前 5 分钟内进行集合竞价，其中前 4 分钟为期货合约买卖价格指令申报时间，后 1 分钟为集合竞价撮合时间，以所能成交的最大一笔成交量的价格。

(4) 收盘价：某品种某合约每一交易日收市的最后一笔成交价；最高价。是指当日所成交的价格中的最高价位。

(5) 最低价：是指当日所成交的价格中的最低价位。

2．操作术语

(1) 开仓：交易者新买入或新卖出一定数量的期货合约。

(2) 平仓：交易者通过笔数相等、方向相反的期货交易来对冲原来持有的期货合约的过程。

(3) 持仓：持仓是交易者持有期货合约的过程。持仓量是指期货交易者多持有的未平仓合约的数量。

(4) 多头：买入期货合约后所持有的头寸叫多头头寸，简称多头。

(5) 空头：是指卖出期货合约后所持有的头寸叫空头头寸，简称空头。

(6) 仓单：交割库开出并经期货交易所认定的标准化提货凭证。

11.2 什么影响期货价格

能否正确地分析和预测期货价格的变化趋势，是期货交易成败的关键。因此，每一个期货交易者都必须十分重视期货价格变化趋势的分析和预测，而第一步就是熟知影响期货价格的各个因素。

274 供求关系

从长期看，商品的价格最终反映的必然是供求双方力量均衡点的价格。所以，商品供求状况对商品期货价格具有重要的影响。在其他因素不变的条件下，供给和需求的任何变化，都可能影响商品价格变化。一方面，商品价格的变化受供给和需求变动的影响。另一方面，商品价格的变化又反过来对供给和需求产生影响：价格上升，供给增加，需求减少；价格下降，供给减少，需求增加。这种供求与价格互相影响、互为因果的关系，使商品供求分析更加复杂化，即不仅要考虑供求变动对价格的影响，还要考虑价格变化对供求的反作用。

275 经济波动周期因素

商品市场波动通常与经济波动周期紧密相关，期货价格也不例外。由于期货市场是与国际市场紧密相联的开放市场，因此，期货市场价格波动不仅受国内经济波动周期的影响，而且还受世界经济的景气与否的状况影响。经济周期一般由复苏、繁荣、衰退和萧条四个阶段构成，不同阶段有不一样的特征。

(1) 复苏阶段开始时是前一周期的最低点，产出和价格均处于最低水平。随着经济的复苏，生产的恢复和需求的增长，价格也开始逐步回升。

(2) 繁荣阶段是经济周期的高峰阶段，由于投资需求和消费需求的不断扩张超过了产出的增长，刺激价格迅速上涨到较高水平。

(3) 衰退阶段出现在经济周期高峰过去后，经济开始滑坡，由于需求的萎缩，供给大大超过需求，价格迅速下跌。

(4) 萧条阶段是经济周期的谷底，供给和需求均处于较低水平，价格停止下跌，处于低水平上。在整个经济周期演化过程中，价格波动略滞后于经济波动。

276 货币因素

商品期货交易与金融货币市场有着紧密的联系。利率的高低、汇率的变动都直接影响商品期货价格变动。

(1) 利率。利率调整是政府紧缩或扩张经济的宏观调控手段。利率的变化对金融衍生品交易影响较大，而对商品期货的影响较小。

(2) 汇率。期货市场是一种开放性市场，期货价格与国际市场商品价格紧密相联。国际市场商品价格比较必然涉及各国货币的交换比值——汇率，汇率是本国货币与外国货币交换的比率。

277 政策因素

期货市场价格对国际国内政治气候、相关政策的变化十分敏感。政治因素主要是指国际国内政治局势、国际性政治事件的爆发及由此引起的国际关系格局的变化、各种国际性经贸组织的建立及有关商品协议的达成、政府对经济干预所采取的各种政策和措施等。这些因素将会引起期货市场价格的波动。

在国际上，某种上市品种期货价格往往受到其相关的国家政策影响，这些政策包括农业政策、贸易政策、食品政策、储备政策等，其中也包括国际经贸组织及其协定。在分析政治因素对期货价格影响时，应注意不同的商品所受到的影响程度是不同的。如国际局势紧张时，对战略性物资价格的影响就比对其他商品的影响大。

278 心理因素

所谓心理因素，就是交易者对市场的信心程度，人称"人气"。如对某商品看好时，即使无任何利好因素，该商品价格也会上涨；而当看淡时，即使无任何利淡消息，价格也会下跌。又如，一些大投机商们还经常利用人们的心理因素，散布某些消

息，并人为地进行投机性的大量抛售或补进，谋取投机利润。

11.3 期货理财的种类

根据标的物的不同，期货可以分为商品期货和金融期货两大类。商品期货又分农产品期货、工业品期货(分为金属商品、能源商品)、其他商品期货等；金融期货主要包括股指期货、利率期货、外汇期货等，下面对各类期货进行详细介绍。

279 农产品期货理财

农产品是最早构成期货交易的商品，比起计划经济和传统农业先生产后找市场的做法，"期货农业"则是先找市场后生产，可谓是一种当代进步的市场经济产物(模式)。如今的农产品期货，以其风险性低、价格提前发现、农民增收效益显著等优势特点而被农产品交易市场和广大农户所接受。目前，农产品期货包括粮食期货、经济作物期货、畜牧产品期货以及林产品期货四大类。

(1) 粮食期货：粮食是人们生活的根本，具体可分为小麦、玉米、豆粕、豆油、绿豆、早籼稻、花生等品种。

(2) 经济作物期货：经济作物指具有某种特定经济用途的农作物，具体分糖类、咖啡、可可、棕榈油、油菜籽等品种。

(3) 畜牧产品期货：畜牧产品期货分为肉类制品和皮毛制品两大类。其中肉类制品包括猪油期货、鸡蛋期货等；毛皮制品包括皮革期货、羊毛期货等。

(4) 林业产品期货：林业产品期货分为木材期货和天然橡胶期货。我国的上海期货交易上市有天然橡胶期货。

280 金属期货理财

金属是当今世界期货市场中比较成熟的期货品种之一。目前，世界上的金属期货交易主要集中在伦敦金属交易所、纽约商业交易所和东京工业品交易所。我国金属期货交易的场所有深圳有色金属交易所和上海金属交易所。细分开来，金属期货又可分为贵金属期货与一般金属期货。

(1) 贵金属：主要包括黄金、白银、白金，交易的主要场所在纽约商品交易所和纽约商业交易所。

(2) 一般金属：包括铜、铝、铅、锌、锡、镍等，交易的主要场所在伦敦金属交易所。

281　能源期货理财

能源期货最早是在 1978 年开始在纽约商业交易所交易，商品是热燃油，之后到 1992 年间增加了其他的商品。目前较重要的商品有轻原油、重原油以及燃油；新兴品种包括气温、二氧化碳排放配额等。

(1)　化工原料：多数为石油的下端产物，包括 PTA(石油下端产品，是重要有机原料之一)、甲醇、LLDPE(属于塑料的一种)、PVC(是我国重要的有机合成材料)、石油沥青等。

(2)　燃料类：多数为石油加工过程中的伴随产物，包括焦炭、焦煤、动力煤、轻原油、重原油以及燃油等。

282　股指期货理财

股指期货是指以股价指数为标的物的标准化期货，双方约定在未来的某个特定日期，可以按照事先确定的股价指数的大小，进行标的指数的买卖。作为期货交易的一种类型，股指期货交易与普通商品期货交易具有基本相同的特征和流程。

相对于其他期货产品，股指期货具有跨期性、杠杆性、联动性、多样性等特点。

283　利率期货理财

所谓利率期货，是指以债券类证券为标的物的期货合约，它可以回避银行利率波动所引起的证券价格变动的风险。利率期货的种类繁多，分类方法也有多种。通常按照合约标的的期限(通常以一年为限)，利率期货可分为短期利率期货和长期利率期货两大类。

(1)　短期利率期货：短期利率期货是指期货合约标的的期限在一年以内的各种利率期货，即以货币市场的各类债务凭证为标的的利率期货均属短期利率期货，包括各种期限的商业票据期货、国库券期货及欧洲美元定期存款期货等。

(2)　长期利率期货：长期利率期货则是指期货合约标的的期限在一年以上的各种利率期货，即以资本市场的各类债务凭证为标的的利率期货均属长期利率期货，包括各种期限的中长期国库券期货和市政公债指数期货等。

284　外汇期货理财

外汇期货，又称为货币期货，是一种在最终交易日按照当时的汇率将一种货币兑换成另外一种货币的期货合约。外汇期货是最早的金融期货品种，其实质是在最终交易日，按照当时的汇率将一种货币兑换成另外一种货币的期货合约。

一些投资者利用货币合约来对冲外汇汇率风险，也有一些投资者愿意承担这种风险，从事投机交易，以便从汇率变动中获利。在合约交割前的任何时候，投资者都可以选择平掉仓位来锁定利润或亏损。

11.4 期货理财交易须知

期货交易的产生，可以说是人们智慧的结晶，它成功实现转移风险功能的同时，还为市场的投资者提供了新的工具。投资者在进行投资交易时，需要了解交易品种、交易时间、交割时间等细则，避免出现投资失误。

285 交易的种类

所谓交易品种，简单地说就是期货合约的标的物，如上海期货交易所推出的"黄金1404"期货产品，黄金即为交易品种。目前，我国国内有四家期货交易所，上市品种20多个，覆盖金融、能源、粮油、养殖、化工、制造等众多行业领域，如表8.4所示为各大交易所以及主要交易品种。

286 交易单位

期货合约会对交易标的物的数量和单位有明确的规定，并统称为"交易单位"。一般来说，价格变动率小的商品，其单位合约金额可以较大，反之则应较小。例如农产品期货的交易单位多以10吨/手（"手"是期货交易中的单位，也就是一份合约所包含商品的数量）计算，但是贵金属的交易单位多以1000克/手计算。

287 什么是最小变动价位

最小变动价位是指在期货交易所的公开竞价过程中，对合约标的每单位价格报价的最小变动数值。最小变动价位乘以交易单位，就是该合约价格的最小变动值。例如，大连商品交易所豆粕期货合约的最小变动价位是 1 元/吨，即每手合约的最小变动值是1元/吨×10吨=10元。

最小变动价位对市场交易的影响比较密切。一般而言，较小的最小变动价位有利于市场流动性的增加。最小变动价位如果过大，将会减少交易量，影响市场的活跃，不利于套利和套期保值的正常运作；如果过小，将会使交易复杂化，增加交易成本，并影响数据的传输速度。

288 清楚交易时间

期货交易所对期货的交易时间都有明确规定，我国四大期货交易所通常规定，如

图 11-1 所示为国内期货交易所的交易时间。

上海期货交易所交易时间表		
机构名称	上午	下午
上海期货交易所	09:00 - 10:15 10:30 - 11:30	13:30 - 14:10 14:20 - 15:00
周一到周五开市，法定节假日休市		

大连商品交易所交易时间表		
机构名称	上午	下午
大连商品交易所	09:00 - 10:15 10:30 - 11:30	13:30 - 15:00
周一到周五开市，法定节假日休市		

郑州商品交易所交易时间表		
机构名称	上午	下午
郑州商品交易所	09:00 - 10:15 10:30 - 11:30	13:30 - 15:00
周一到周五开市，法定节假日休市		

中国金融期货交易所交易时间表		
机构名称	平时交易时间	交割日交易时间
中国金融期货交易所	9:15 - 11:30 13:00 - 15:15	9:15 - 11:30 13:00 - 15:00
周一到周五开市，法定节假日休市		

图 11-1　国内期货交易所的交易时间

国外的其交易所也同样有此规定，对于需要进行外盘交易的投资者或投资机构，需要注意时差的问题。如图 11-2 所示为国外期货交易所的交易时间。

纽约商品期货交易所轻油交易时间表				
方式	美国东部时间		北京时间	
交易所交易	周一 - 周五	10:00 - 14:30	周一 - 周五	23:00 - 3:30
电子盘交易	周一 - 周四	15:15 - 次日9:00	周二 - 周五	4:15 - 22:00
	周日	19:00 - 次日9:00	周一	8:00 - 22:00

铜期货 纽约高级铜期货交易时间表			
COMEX	交易方式	交易时间（纽约时间）	北京时间
高级铜	公开喊价交易	周一至周五：08:10-13:00	周一至周六：21:10-02:00
	access（电子盘交易）	周一至周四：15:15-08:00 周日至周一：19:00-08:00	周二至周五：06:15-21:00 08:00-21:00

伦敦国际石油交易所北海布伦特原油交易时间				
月份	开盘时间		收盘时间	
	格林威治时间	北京时间	格林威治时间	北京时间
1	10:02-10:03	18:02 - 18:03	20:12-20:13	04:12-04:13
2	10:03-10:04	18:03 - 18:04	20:11-20:12	04:11-04:12
3-4	10:05-10:06	18:05 - 18:06	20:09-20:10	04:09-04:10
其它月份	10:06-10:07	18:06 - 18:07	20:08-20:09	
电子盘交易	2:00	10:00	9:45	17:45

其他品种期货芝加哥农作物期货交易时间表			
CBOT	交易方式	交易时间 （芝加哥时间）	北京时间
大豆、豆油、豆粕、小麦、玉米、大米、谷物期货	open outcry （公开喊价交易）	09:30 - 13:15 （周一至周五）	23:30 - 03:15 （周一至周六）
	a/c/e platform （电子盘交易）	20:30 - 06:00 （周日至周五）	10:30 - 20:00 （周日至周一）
说明：美国夏令时期间（每年4月份第一个星期日至10月份最后一个星期日），表中的北京时间则相应提前1个小时			

图 11-2　国外期货交易所的交易时间

289　明白交割月份

交割月份又称合约月份，是指由商品交易所对某种商品期货统一规定的进行实物交割的月份，买方客户或卖方客户在期货合约到期时应按照合约规定的数量和质量交付货款接收货物或交付货物接收货款，以履行期货合约。

商品交易所对每一种商品期货都规定有不同的合约月份。因商品而异，一般按商品收获季节、运输时期的习惯而定。金属原料交割月份季节性不强，而小麦等农副产品交割月份季节性则较强。

290 两种交割方式

一般来讲，期货的交割方式有两种：实物交割和现金交割。在期货交易中真正进行交割的合约并不多。交割过多，表明中场流动性差；交割过少，表明市场投机性强。在成熟的国际商品期货市场上，交割率一般不超过 5%、我国期货市场的交割率一般也在 3%以下。

（1）实物交割：期货交易所会员在最后交易日后未平仓了结的合约，必须进行实物交割。进入交割后，原有的到期未平仓合约交易保证金自动转为交割保证金。

（2）现金交割：现金交割是指到期末平仓期货合约进行交割时，用结算价格来计算未平仓合约的盈亏，以现金支付的方式最终了结期货合约的交割方式。这种交割方式主要用于金融期货等期货标的物无法进行实物交割的期货合约，如股票指数期货合约等。近年来，国外一些交易所也探索将现金交割的方式用于商品期货。我国商品期货市场不允许进行现金交割。

291 留意交割地点

期货实物交割的地点，一般是交易所事先规定的地点。对于需要进行实物交割的投资者，需要注意运输成本的问题。因为不同地点的交割库，在价格上会有升贴水的。比如你在大连提货的价格是 3000 元/吨的话，到吉林提货可能就是 2985 元/吨了(同样等级的大豆)，因为有运费补偿的因素，这种补偿在价格上升贴水来体现。

292 清楚交割等级

交割等级既是交易所期货价格的定价基础，也是实物交割时交易者和清算所所要遵循的实物交割品种标准。即使是同一期货品种，也会由于各种原因而使其品质存在较大差别，为了便于开展交易，期货交易所要对交易品种规定基准品级(Basic Grade)，以此作为定价的基础。

实际用于交割的商品，如果其品级与标准品的品级不符，实际交割价格也要相应作出调整。如果实际用于交割的商品品级低于标准品级，卖出方就要对其进行贴水；反之，买入方就要对其进行升水。

293 知道最后交易日

最后交易日是指在期货合约交割月份的最后一个交易日。最后交易日后尚未清算的期货合约，须通过相关现货商品或现金结算方式平仓。

由于交割的最后期限一般都是在月底，所以最后交易日往往被定为每月的最后一个交易日。但是有的交易所规定为价格月份倒数第二个交易日，如香港。

最后交易日也是期货合约中的一个重要条款。最后交易日是无论交易者买进还是卖出期货合约，只要在最后交易日之后还留有持仓头寸，这些头寸就必须进入交割程序。交易者如果不想进行交割，就必须在最后交易日(或在此之前)将原有的持仓进行反向的平仓交易。

294　什么是交易保证金

不同期货品种的投资风险不同，因此交易所会对风险较大的品种收取更多的保证金。此外，期货的保证金也是会根据市场情况进行调整的。

295　什么是交易手续费

交易手续费是期货交易过程中，投资者需要支付的手续费用。不同的期货品种手续费也不同，有的按照成交总金额的百分比计算，如阴极铜的交易手续费设置为不高于成交金额的万分之二；也有按照交易数量计算的，例如早籼稻期货的交易手续费为2元/手。

投资者值得注意的是，该手续费是期货交易所收取的交易费用，而期货经纪公司也可能收取一定的手续费。但是期货经纪公司收取的费用应该是与投资者协商的结果，并写在《期货经纪合同》上。

11.5　实战：网上期货理财

目前期货的行情发展乐观，一些人开始瞄准这一理财渠道。期货的收益比较稳定，而且收益也算颇丰，主要是因为期货投资商品的特点，价格不易受操控，很多人也开始投入其中。对于理财初学者而言，网上炒期货也是很好的理财的尝试。

本节以工商银行网上银行炒期货为例，介绍查询银行资金、查询期货资金、查询成功明细、银行转期货、期货转银行的方法。

296　查询银行资金的技巧

登录工商银行网上银行，单击导航栏中的"网上期货"按钮进入"网上期货"页面，单击左侧的"查询银行资金"按钮进入其界面，输入注册卡号或账号信息，如图11-3所示，单击"查询"就可完成查询银行资金。

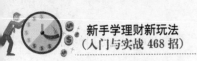

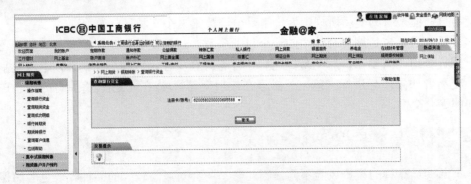

图 11-3 "查询银行资金"界面

297 查询期货资金的诀窍

在"网上期货"界面单击左侧的"查询期货资金"按钮，然后输入或选择个人相关的信息，如注册卡/账号、期商代码、验证码等，如图 11-4 所示，最后单击"查询"按钮即可查询期货资金结果。

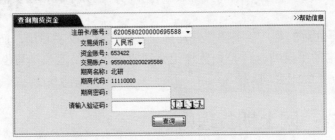

图 11-4 "查询期货资金"信息输入页面

298 查询成功明细

在"网上期货"页面单击左侧的"查询成功明细"按钮，根据相关提示输入信息，如注册卡/账号、开始日期、截止日期等，如图 11-5 所示，然后单击"查询"按钮即可查询成功明细的结果。

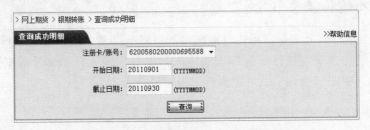

图 11-5 "查询成功明细"信息输入页面

299 银行转期货的细则

在"网上期货"页面单击左侧的"银行转期货"的按钮，再填写个人信息和转账金额数目，如图 11-6 所示，然后单击"提交"按钮，核对完信息后，再次单击"提交"按钮，需要输入 U 盾密码后，单击"确认"按钮，就可完成银行转期货操作。

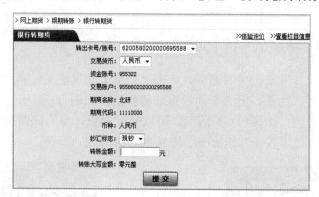

图 11-6 "银行转期货"信息输入界面

300 期货转银行的细则

在"网上期货"页面单击左侧的"期货转银行"按钮，然后输入个人信息和转账金额，如图 11-7 所示。单击"提交"按钮，核对信息后，再次单击"提交"按钮，输入 U 盾密码后，单击"确认"按钮即可完成期货转银行操作。

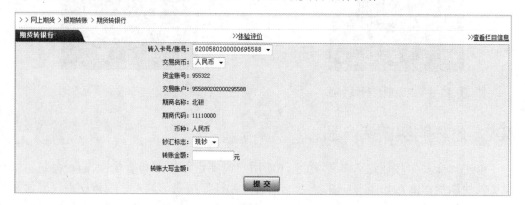

图 11-7 "期货转银行"信息输入界面

11.6　实战：手机期货理财

随着期货市场的迅速发展，越来越多的投资者开始关注期货。期货以其高收益的"杠杆原理"吸引着广大投资者，并且由于期货市场所投资商品的特性，其价格很难被操纵，因此期货投资成为当今最火爆的投资方式。本节以"招商期货"App 为例，讲解通过手机进行期货理财的具体方法。

301　如何查看期货行情

进入"招商期货"App 主界面后，单击"行情"按钮进入其界面，用户可以查看主力、中金、郑州、大连、上海等期货市场的行情，如图 11-8 所示。单击相应的期货产品进入详情界面，如图 11-9 所示，可以查看期货产品的详细报价情况。左右滑动手机屏幕，用户还可以查看期货产品的 K 线和分时图。

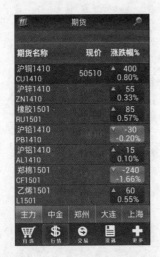

图 11-8　主力期货行情界面

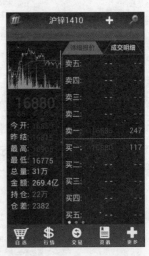

图 11-9　详细报价情况界面

302　怎样购买期货产品

单击"交易"按钮进入其界面(未注册用户需要进行注册和登录操作)，会显示用户买入的期货详情，如图 11-10 所示。单击"委托"按钮，进入"期货交易"界面，设置相应的合约代码、开平仓、委托方式、买卖标识、委托价格、委托数量等，单击"确定"按钮，即可完成委托交易的操作，如图 11-11 所示。

图 11-10　交易详情界面

图 11-11　"期货交易"界面

11.7　期货理财的操作过程

所有投资客户进入期货市场操作之前，必须先在期货公司开立交易账户，签订《期货合同文件》，建立印鉴卡档案，并由期货公司代为申请交易编码。此后客户资金进出需要以《期货合同文件》约定的方式为准。客户资金到位及编码申请完成后，客户即可以开始交易。

303　如何开户

根据当前我国有关期货交易的法规，目前只接受个人账户和公司(法人)账户两类交易账户。

1．个人账户

个人账户是以个人名义开立的账户。个人账户纯属个人所有，在开立账户时由个人签名生效，个人账户可采用下面两种方式管理：一是由客户自行负责管理，买卖交易完全由客户自行决定，自行进行；二是委托交易代理人代为管理，个人账户所有者通过书面授权方式，在法律上赋予委托人一定的权力，在授权范围内委托代理人代为管理。个人账户的开户流程如下。

(1)　客户开户必须携带本人有效身份证及银行卡或存折，到期货公司或者当地营业部办理(或在有公司或营业部员工在场的任何地方办理)。

(2)　客户签订《期货公司合同文件》，并如实填写《期货市场投资者开户登记表》。《期货合同文件》中涉及的非开户人的其他人员，也必须亲自在现场办理相关

手续。客户及合同所涉及的其他人员的身份证须复印存档，作为合同附件。

(3) 客户在开户时必须填写《结算账户登记表》，以便于今后出入金。

(4) 公司客户服务部根据客户填写的《期货市场投资者开户登记表》和提供的身份证复印件，申请交易所的交易编码。

(5) 公司客户服务部为客户开通交易权限，设定初始交易密码。

2．公司账户

公司账户亦即法人账户，是指以公司、企业名义所开设的账户。公司账户同样可采用以下方式管理：一是由公司自行负责管理，买卖交易完全由公司自行决定，自行进行；二是委托交易代理人代为管理，公司账户所有者通过书面授权的方式，在法律上赋予委托人一定的权力，在授权范围内委托交易代理人代为管理。公司账户开户流程如下。

(1) 法人账户开户必须携带法人代表有效身份证、法人营业执照、税务登记证、银行开户证明到公司或者当地营业部办理(或在有公司或营业部员工在场的任何地方办理)。如委托人代理办理开户事宜，则需法人代表签字并加盖公章的授权书。

(2) 客户签订《期货公司合同文件》，并如实填写《期货市场投资者开户登记表》(所有需签字的部分都必须由法人代表或委托人签字并加盖公章)。《期货公司合同文件》中涉及的非开户人的其他人员，也必须亲自在现场办理相关手续。客户及合同所涉及的其他人员的身份证须复印存档，法人营业执照、税务登记证、银行开户证明也须复印存档，作为合同附件。

(3) 客户在开户时必须填写《结算账户登记表》，以便于今后出入金。

(4) 公司客户服务部根据客户填写的《期货市场投资者开户登记表》和提供的相关证件，申请交易所的交易编码。

(5) 公司客户服务部为客户开通交易权限，并设定初始交易密码。

3．异地开户

异地开户能够最大限度地降低交易成本和选择好的交易平台，不过需要特别注意三点：合法性、安全性、手续费。

304　怎样入金

投资者拥有期货账户后，还需要往期货账户中转入资金，才能进行期货交易。一般有三种方法转入资金：柜台办理、电话转账和网银转账。每种转账方式各有利弊，投资者可以选择一种最适合自己的方式。

1．柜台办理

柜台办理是期货转入资金最为传统的方式，投资者到自己银行卡所在银行的柜面，直接办理即可。柜台办理转账这种方式最大的优点是省心，投资者只需告诉银行工作人员自己需要什么服务。如果通过电话、网络等方式转账的话，需要投资者操作、单击许多步骤。不过由于去银行柜台办理业务需要排队等待，并且有些投资者可能去银行并不太方便，所以对于有条件使用其他方式的投资者，最好不要采用柜台办理的情况。

2. 电话转账

电话转账是比较常用的转入资金方式，需要投资者的银行卡已开通电话转账业务。各大银行的电话转账服务流程各不相同，这里以交通银行为例，其电话转账流程如表 11-1 所示。

表 11-1　电话转账流程

序号	步　骤	具体内容
1	拨打电话	交通银行的电话号码是 95559。
2	选择业务	电话拨通以后，会有交通银行自动语音提示，按"3"号键选择转账服务。
3	输入卡号	根据银行自动语音提示，输入交通银行银行卡卡号，并以"#"号键结束。
4	输入查询密码	根据银行自动语音提示，输入交通银行银行卡查询密码(该密码与交易密码不同)，并以"#"号键结束。
5	选择业务	卡号密码输入正确以后，会有语音提示，按"3"号键选择期货业务。
6	选择入金	根据自动语音提示，选择银行卡转期货账户，即转入资金。
7	选择期货公司	期货公司都有自己在各个银行的代码，根据自动语音提示，输入期货公司的代码。
8	输入交易密码	根据自动语音提示，输入交行银行卡交易密码，并以"#"号键结束。
9	输入期货账户	根据自动语音提示，输入期货账户与密码，并以"#"号键结束。
10	输入金额	根据自动语音提示，输入转入金额，并以"#"号键结束，转账完成。

自助电话转账比较麻烦的一点是，一旦转账过程中的任何步骤出现问题，整个流程都要重新开始。对于有经验的投资者可以很快地完成转账，但是对于不太熟练的投资者，往往会耽误更多的时间。

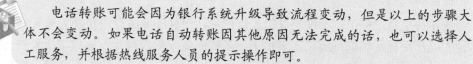

专家提醒

电话转账可能会因为银行系统升级导致流程变动，但是以上的步骤大体不会变动。如果电话自动转账因其他原因无法完成的话，也可以选择人工服务，并根据热线服务人员的提示操作即可。

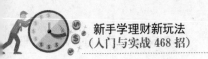
3．网银转账

网银转账在有条件的情况下是最为方便的，需要投资者的银行卡已开通网银转账业务。各大银行的电话转账服务流程各不相同。

305　如何交易

(1) 下单。所谓下单，就是交易者向期货经纪公司报单员下达交易指令。下单的内容一般包括：期货交易的品种、交易方向、数量、月份、价格、期货交易所名称、客户名称、客户编码和账户等。

(2) 限价指令。限价指令是按特定价格买卖的交易指令。

306　结算的方法

结算是指根据交易结果和交易所有关规定对会员交易保证金、盈亏、手续费、交割货款和其他有关款项进行的计算、划拨。结算包括交易所对会员的结算和期货经纪公司会员对其客户的结算，其计算结果将被计入客户的保证金账户。

期货交易的结算制度是指按有关规定对交易保证金、盈亏、手续费、交割货款和其他有关款项进行的计算、划拨的制度，包括每日无负债制度、保证金制度和风险准备金制度。

其中"每日无负债制度"是期货结算最核心的部分，有时候也叫它"逐日盯市制度"。就是每个交易日结束后，期货经纪公司按当日结算价格结算所有合约的盈亏、交易保证金及手续费等费用，对应收应付的款项实行净额一次划转，相应地增加或减少客户的保证金。

307　销户的技巧

投资者在开设期货账户后，如果不想投资期货了，可以选择销户。期货销户的程序相对于银行卡、股票账户等是比较复杂的，其流程包括确认身份、提交申请、核实签名、转出资金、关闭权限。

11.8　期货投资的六大雷区

在期货交易过程中，不仅要寻机入市盈利，而且还要尽量避免随处可见的陷阱，这样才能在期货市场取得成功。事实上，多数职业期货人很难告诉你掌握哪些交易方法就可以在市场上致胜，但是有一些市场总则，期货投资人必须严格遵守，这样他们才不至于出格，才能觅机获得成功。

308　资金管理有误

资金管理不当是普通投资者常见的误区，他们资金管理不当的原因，还是由于对期货市场的资金概念与流向不太清楚造成的。因此，学会资金的管理与了解资金的流向对投资者来说异常重要。

固定金额投资法：这种方法又称定额法和常数投资计划法，是期货投资的常用资金管理方法之一。该方法是指投资者把一定的资金分别投向不同的品种，其中将投资于一个品种的金额固定在一个水平上，当账面盈利达到固定金额的一定比例时，就用增值部分同比例投资于另一个品种，用于增加盈利机会；反之，当账面亏损低于其固定金额时，就平掉另一个品种的头寸来增加可用资金，使投资的资金总额始终保持在一个固定水平。

309　交易计划不明确

在期货交易的过程中，很多投资者在操作之前都没有制订详细的交易计划，都是即兴交易的类型，这种交易极易给交易增大风险。

那么，投资者应该参考价格预测和风险控制制订交易计划。

(1) 价格预测：一般来说，一个优秀的期货投资者在开始时倾向于使用他们感觉不错的价格预测技术和模式，并通过实战中的成败，检验这种方法的效用并对其发展和完善。在这其中，最重要的是对预测方法的改进和调整，只有被证明能提高预测效果的调整才被最终保留。经过这样的过程之后，投资者最终将发展出一套能给出可靠的买卖信号，并适合自己的交易模型。

(2) 风险控制：风险控制意味着对每一个期货交易头寸都要建立止损和盈利目标。在盈利和亏损的关系上，首先盈利目标要大于可能的损失(止损)，只有这样的交易才是有利可图的。其次，盈利的次数和亏损的次数也很重要。

310　赚钱过于急躁

投资市场中不是没有"一夜暴富"的情况出现，但是那毕竟是少数，大多数投资者依然需要长期积累财富，因此对期货投资抱有很高期望，并且想要通过短期炒作就能一飞冲天的投资者，并不适合期货市场。

在所有的研究领域中，成功都需要你不断地努力工作，并拥有过人的毅力和天赋，期货交易也不例外。从事期货投资绝非易事，所谓期货交易是一夜暴富的捷径，那只是别有用心的人编织出来的美丽谎言罢了。在成为梦想中的成功全职交易员之前，你首先应该努力成为一名成功的兼职交易者。

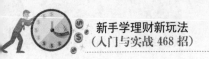
311　止损不及时

不采取止损措施，是许多投资者常常出现的错误，错误的来源则是对期货投资的错误认识，最终导致越亏越多。在期货交易中启用止损措施，能够确保投资者在某笔特定的交易中清楚地控制资金的风险额度，并确认交易的亏损状况。不过止损说起来简单，在实际操作中需要遵循以下技巧。

(1) 止损盘和资金管理的结合。首先是以图表分析作为摆放止损盘的基础，将止损盘摆放于市势将会逆转的地方，至于如何选择适当的价位设置止损盘，就要视乎自己用的分析系统而定。

(2) 逐步调整止损盘，保证收益。当入市方向正确时，可将原定止损盘的止损价位，跟随市势的发展逐步调整，保证既得利益的同时尽量赚取更多的利润，这时候，经调整的止损盘可称为止赚盘。

312　缺乏耐心

失败的交易往往具有相同的特点，而耐心和原则对于成功交易的重要性，几乎已经成为期货交易中的老生常谈。典型的趋势交易者会按照趋势来交易，并耐心观察市场，看行情是否会继续，他们往往不出意外地迎来了数额巨大的盈利。不要为交易而交易或为寻求变化而交易，投资者要做的就是耐心等待绝佳交易机会的到来，然后谨慎行动并抓住机会盈利，因为市场就是市场，没有人能代替市场或强迫市场。

313　做法有误

大多数投资者都喜欢低买高卖或高卖低买，但不幸的是，期货市场证明，这根本算不上一种盈利手段。企图寻找顶部和底部的投资者往往会逆势而动，使高买低卖行为成为一种害人的习惯。

11.9　规避期货理财五大风险

风险总是在不经意间来到投资者的身边，对于许多风险不能采取"亡羊补牢"的策略，因为一旦发生风险，投资者会出现不可逆转的损失。因此，投资者必须防微杜渐，防患于未然。下面介绍期货投资理财过程中常见的风险及防范。

314　规避经纪委托风险

经纪委托风险是指投资者在进入期货市场前，选择期货经纪公司签订委托关系过程中可能产生的风险，这类风险主要分为操作风险和信用风险。

操作风险指的是期货交易所、期货公司、投资者等市场参与者由于缺乏内部控制、程序不健全或者执行过程中违规操作，对价格变动反应不及时或错误地预测行情，操作系统发生故障等原因造成的风险。信用风险又叫违约风险，指的是期货市场中买方或卖方不履行合约而带来的风险。

投资者在防范此类风险时，需要选择挑选有实力、有信誉的期货公司，对其规模、资信、经营状况仔细考察、慎重决策，经过仔细考察后再与其签订《期货经纪委托合同》。

315 规避流动性风险

流动性风险即由于市场流动性差，期货交易难以迅速、及时、方便地成交所产生的风险。这种风险在客户建仓与平仓时表现得尤为突出。

因此，要避免遭受流动性风险，重要的是客户要注意市场的容量，研究多空双方的主力构成，以免进入单方面强势主导的单边市。其次，投资者在交易时要谨慎选择合约月份，尽量选择交易活跃的合约。一般来说，近月合约要比远月合约交易活跃且交易量大得多。距离交割月份越远的合约，由于期间的不确定因素更多，价格预期更困难，且交易保证金的要求可能更高，因而流动性一般较差，投资者应尽量避免在这些合约上交易。

316 规避强行平仓风险

期货交易实行由期货交易所和期货经纪公司分级进行的每日结算制度。在结算环节，由于公司根据交易所提供的结算结果每天都要对交易者的盈亏状况进行结算，所以当期货价格波动较大、保证金不能在规定的时间内补足的话，交易者可能面临强行平仓的风险。

除了保证金不足造成的强行平仓外，还有当客户委托的经纪公司的持仓总量超出一定限量时，也会造成经纪公司被强行平仓，进而影响客户强行平仓的情形。因此，客户在交易时，要时刻注意自己的资金状况，防止由于保证金不足，造成强行平仓，给自己带来重大损失。

317 规避交割风险

期货合约都有期限，当合约到期时，所有未平仓合约都必须进行实物交割。因此，不准备进行交割的客户应在合约到期之前将持有的未平仓合约及时平仓，以免于承担交割责任。

这是期货市场与其他投资市场相比，较为特殊的一点，新入市的投资者尤其要注

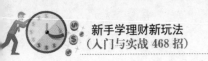
意这个环节，尽可能不要将手中的合约，持有至临近交割，以避免陷入被"逼仓"的困境。

318 规避市场风险

客户在期货交易中，最大的风险来源于市场价格的波动。这种价格的波动给客户带来交易盈利或损失的风险。因为杠杆原理的作用，这个风险因为是放大了的，投资者应时刻注意防范。对于期货市场风险，投资者也可以进行有效控制，这里笔者给出一些建议。

（1）顺势操作。如果投资者不能根据走势图以及各项规则确定趋势，就不要买入或者卖出。

（2）选择市场。投资者应在活跃的市场中交易，远离运动缓慢、停滞的市场。

（3）不随意猜测。投资者不应该猜测市场何时见顶，要让市场证明那是顶部；不要猜测市场何时见底，要让市场证明那是底部。遵守明确的规则，你就可以知道市场何时见顶，何时见底。

（4）合理规划资金。把自己的资金分成 10 等份，无论什么时候都不使用 4 份以上的资金去冒险。

第 12 章
股票理财：企业命运由你掌控

学前提示

　　股票理财一直以来就是高风险与高回报并存。虽说股票存在较高风险，但是其高额利润依然让理财爱好者投入其中。作为一名理财初学者，想要让自己的资本获得高额回报，可以选择股票理财这一渠道。

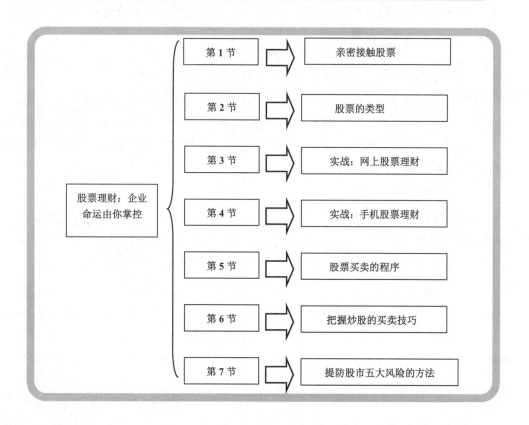

股票理财：企业命运由你掌控

第 1 节	亲密接触股票
第 2 节	股票的类型
第 3 节	实战：网上股票理财
第 4 节	实战：手机股票理财
第 5 节	股票买卖的程序
第 6 节	把握炒股的买卖技巧
第 7 节	提防股市五大风险的方法

12.1　亲密接触股票

一直以来，股票都是人们投资的热点，从股票诞生到现在的数百年间，无数的投资者在股票市场收获了财富，也有无数的投资者在这里一败涂地，血本无归。虽说股票市场十分残酷，但是仍旧有许多人投身股市，集高风险与高收益于一身的股票，究竟拥有哪些独特的魅力呢？

319　股票是什么

股票是什么？股票是股份证书的简称，是股份公司发给股东作为已投资入股的证书与索取股息的凭证，每股股票都代表股东对企业拥有一个基本单位的所有权。

同一类别的每一份股票所代表的公司所有权是相等的。每个股东所拥有的公司所有权份额的大小，取决于其持有的股票数量占公司总股本的比重。当持有股份达到30%，持股可以称为控股，如果是最大股东，还可以称为相对控股，当持股超过50%，持股可以称为绝对控股。作为一种虚拟资本，股票具有权责性、无期性、流通性、风险性、法定性等特性。

320　股票有什么价值

股票是虚拟资本的一种形式，它本身没有价值，不过由于股票的持有人（股东），不但可以参加股东大会，对股份公司的经营决策施加影响，还享有参与分红与派息的权利，获得相应的经济利益，股票也就因此获得了价值。具体来说，股票价值分为股票净值和股票面值。

1．股票净值

股票的净值又称为账面价值，也称为每股净资产，是用会计统计的方法计算出来的每股股票所包含的资产净值。其计算方法是用公司的净资产（包括注册资金、各种公积金、累积盈余等，不包括债务）除以总股本，得到的就是每股的净值。

2．股票面值

股票的面值，是股份公司在所发行的股票票面上标明的票面金额，它以元/股为单位，其作用是用来表明每一张股票所包含的资本数额。在我国上海证券交易所和深圳证券交易所流通的股票的面值均为一元，即每股一元，表示的便是股票的面值。

321　股票代码的含义

股票代码用数字表示股票的不同含义。股票代码除了区分各种股票外，也有其潜在的意义，比如 600×××是大盘股，6006××是最早上市的股票。其实，一个公司的股票代码跟车牌号差不多，能够显示出这个公司的实力以及知名度，比如，000088 盐田港，000888 峨眉山。

12.2　股票的类型

股票是公司签发的证明股东所持股份的凭证，根据持有人权利不同，可以分为普通股和优先股；根据发行上市地不同，可以分为 A 股、B 股、H 股、N 股和 ST 股；其他股票种类还包括国家股、法人股、国有法人股、社会公众股、员工持股等。投资者在炒股时，需要提前了解股票产品分类，谨慎选择股票种类。

322　普通股类型

普通股是随着企业利润变动而变动的一种股份，是股份公司资本构成中最普通、最基本的股份，是股份企业资金的基础部分。

普通股的基本特点是其投资收益(股息和分红)不是在购买时约定，而是事后根据股票发行公司的经营业绩来确定。公司的经营业绩好，普通股的收益就高；反之，若经营业绩差，普通股的收益就低。

323　优先股类型

优先股是"普通股"的对称，是股份公司发行的在分配红利和剩余财产时比普通股具有优先权的股份。优先股也是一种没有期限的有权凭证，优先股股东一般不能在中途向公司要求退股(少数可赎回的优先股例外)。

324　A 股类型

所谓 A 股，其正式名称是人民币普通股票，是由中国境内的公司发行，供境内机构、组织或个人(以人民币认购和交易的普通股股票。A 股不是实物股票，以无纸化电子记账，实行"T+1(登记日的次日)"交割制度，有涨跌幅(10%)限制。

325　B 股类型

B 股的正式名称是人民币特种股票，是指以人民币标明面值，以外币认购和买卖，在中国境内(上海、深圳)证券交易所上市交易的外资股。B 股不是实物股票，以无纸化电子记账，实行 T+3 交易制度，有涨跌幅(10%)限制，参与投资者为香港、澳门、台湾地区居民和外国人，持有合法外汇存款的大陆居民也可投资。

326 H 股类型

H 股也称国企股，是指注册地在内地、上市地在香港的外资股。因为香港英文 HongKong 首字母而得名。H 股为实物股票，实行 T+0 交割制度，无涨跌幅限制。

327 蓝筹股类型

"蓝筹"一词源于西方赌场。在西方赌场中，有三种颜色的筹码，其中蓝色筹码最为值钱，红色筹码次之，白色筹码最差，投资者把这些行话套用到股票，才有了现在的"蓝筹股"。

目前，我国股票市场上的蓝筹股主要包括：东软股份、盐湖钾肥、ST 建峰、澄星股份、云天化、柳化股份、五粮液、顺鑫农业等。

328 绩优股类型

绩优股就是业绩优良公司的股票。但对于绩优股的定义国内外却有所不同。在我国，投资者衡量绩优股的主要指标是每股税后利润和净资产收益率。一般而言，每股税后利润在全体上市公司中处于中上地位，公司上市后净资产收益率连续三年明显超过 10%的股票当属绩优股之列。

329 成长股类型

所谓成长股，是指发行股票时规模并不大，公司的业务蒸蒸日上，管理良好、利润丰厚，产品在市场上有较强竞争力的上市公司。

330 ST 股类型

ST 股中的 ST 为英文 Special Treatment 缩写，意即"特别处理"。1998 年 4 月 22 日，沪深交易所宣布，将对财务状况或其他状况出现异常的上市公司股票交易进行特别处理，由于"特别处理"，在简称前冠以"ST"，因此这类股票称为 ST 股。

12.3 实战：网上股票理财

炒股软件也就是股票软件，它的基本功能是信息的实时揭示(包括行情信息和资讯信息)，所以早期的炒股软件有时候会被叫作行情软件。一般炒股软件都会提供股票、期货、外汇、外盘等多个金融市场的行情、资讯和交易服务等一站式服务。

本节主要以同花顺免费版为例，介绍炒股软件的主要功能应用方法。

331　如何查看股票分析图

　　登录同花顺免费版，单击工具栏中的"个股"按钮，然后双击想要查询的股票名称，即可看到该只股票的 K 线图，单击 K 线图的任何一处，即可打开详细数据窗口，如图 12-1 所示。

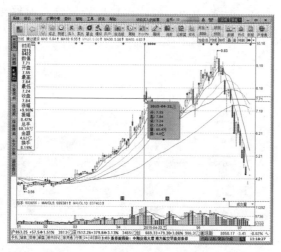

图 12-1　查看 K 线图页面

　　在 K 线图上单击鼠标右键，在弹出的快捷菜单中选择"分析周期"选项，可以选择不同时间坐标的 K 线图类型。单击菜单栏中的"分析"|"分时图"命令。 执行操作后，即可查看个股的价格分时图，如图 12-2 所示。

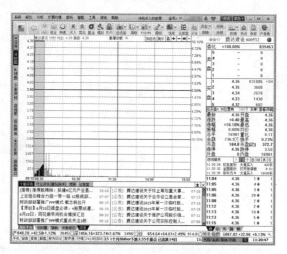

图 12-2　查看个股的价格分时图页面

332   怎样设置指标线

在 K 线图中，有许多供参考的指标线，用户可对其中的指标线进行添加和删除。

在 K 线图上单击鼠标右键，在弹出的快捷菜单中选择"常用指标"|"更多指标"命令，如图 12-3 所示。弹出"请选择指标"对话框，选择要添加的指标线，单击"确定"按钮，即可添加相应的指标线。

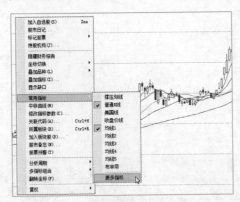

图 12-3   "更多指标"选项选择页面

在 K 线图上选择一条指标线，单击鼠标右键，在弹出的快捷菜单中选择"删除(D)射击之星"命令。执行操作后，即可删除相应的指标线。在 K 线图上单击鼠标右键，在弹出的快捷菜单中选择"多指标组合"命令，可选中各种多指标组合类型，如图 12-4 所示。

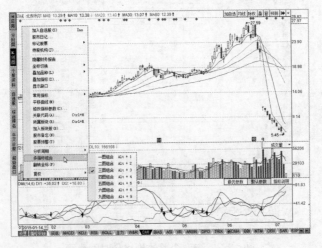

图 12-4   "多指标组合"选项

333   股票的报价分析方法

在"报价"菜单里可以调用各种报价分析的页面，如图 12-5 所示。例如，"多窗看盘"是同花顺软件为用户实时看盘特制的页面，它可以让用户同时浏览所关注的多个股票。单击表格中栏目的名称，表格将按此栏目的降序排列表格，再次单击则按升序排列(在栏目名称旁有箭头表示状态)。

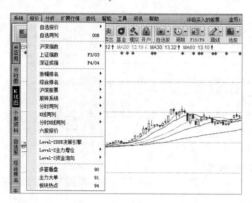

图 12-5   "报价"菜单页面

由于表格往往显示较多的股票和各种数据，所以往往难以在一个屏幕里显示所有的内容，用户可以用 Page Up 键和 Page Down 键来对表格翻页。当表格下面有各种标签的时候，用户可以通过标签选择板块来查看相应的某一类股票，如图 12-6 所示。

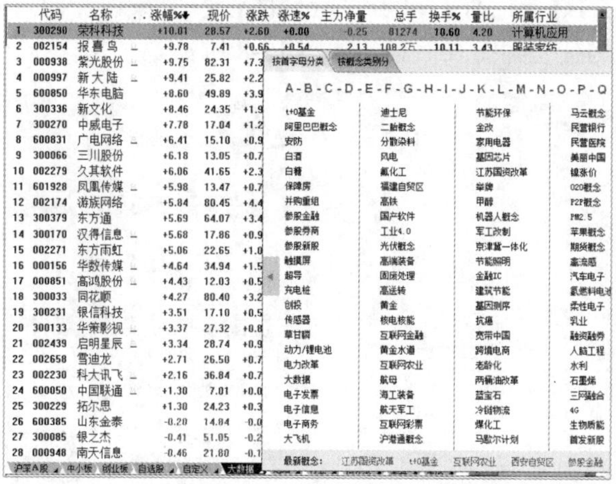

图 12-6   选择板块页面

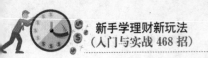

334 股票的财务分析方法

单击"分析"|"个股资料"命令，即可查看上市公司的基本资料，通过该部分，用户能够具体了解到上市公司目前的运营状况、业务收支状态等，如图 12-7 所示。例如，单击"财务指标"超链接，即可查看上市企业总结和评价财务状况和经营成果的相对指标。

图 12-7 基本资料页面

单击左侧的"牛叉诊股"标签，同花顺将大量财务数据、交易数据和分析师研究数据经过先进、科学的数学模型算法加工而成的一个股票评价黑箱，这些数据对于用户来说，是很重要的财务信息。单击"资金面诊股"按钮，即可查看该股的资金流向、主力控盘、机构持仓等图表信息，如图 12-8 所示。

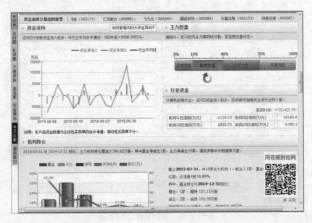

图 12-8 "资金面诊股"页面

335　怎样智能选股平台

在菜单栏中，单击"智能"|"选股平台"命令，弹出"选股平台"对话框，单击"高级选项"按钮，在弹出的列表框中选择"选择板块"选项。弹出"适用代码设置"对话框，在"适用代码"列表框中选择上证 A 股，选好后单击"确定"按钮，如图 12-9 所示。

在左侧列表框中依次选择"K 线选股"|"智能选股"|"创近 30 日历史新高"选项，单击"执行选股"按钮。如果需要自己添加或者删除列出的备选条件，用户可以在"选股平台"里面设置。执行操作后，即可开始智能选股操作。可以在客户端软件中显示满足上证 A 股中"创近 30 日历史新高"这个条件的股票，如图 12-10 所示。

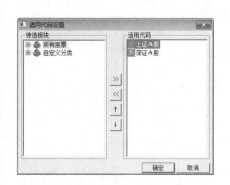

图 12-9　"适用代码设置"对话框

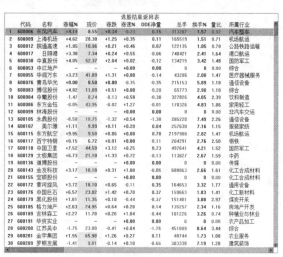

图 12-10　智能选股

336　教你怎样查看个股的星级

对于个股，可以直接在详情界面中查看星级，如图 12-11 所示。将鼠标指针移动至星级上时，还会出现星级股票的数据汇总信息。从上面的表格中可以清晰地了解到，目前的小盘股中，五星的 103 只、四星的 354 只、三星的 415 只、二星及以下 458 只，依次类推。

单击星级图标，还可以查看该个股上市企业的财务诊断总分和相关数据，为用户提供了更为详细的价值投资参考，如图 12-12 所示。

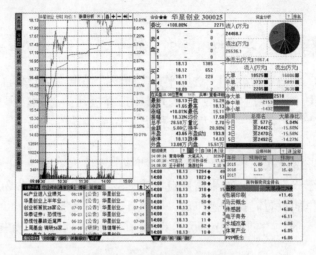

图 12-11　查看星级页面

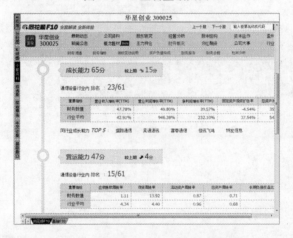

图 12-12　财务诊断总分和相关数据页面

337　新手模拟炒股

　　在同花顺主界面中，单击菜单栏中的"委托"|"模拟炒股"命令。执行操作后，弹出"模拟炒股"对话框，单击"模拟炒股交易区"按钮。弹出"委托管理"对话框，在"普通委托"下拉列表框中选择相应的证券平台，单击"添加券商"按钮。

　　弹出"委托程序安装目录设置"对话框，设置好安装目录，并单击"安装"按钮。安装完成后，单击"打开委托"按钮，即可打开同花顺网上交易系统(模拟炒股)。在"买入股票"选项区中，设置证券代码和买入数量，单击"买入"按钮，如图 12-13 所示。

图 12-13　模拟炒股"买入"界面

执行操作后，弹出"委托确认"对话框，显示委托的详细信息，确认无误后单击"是"按钮。弹出"提示"对话框，提示用户的买入委托已成功提交，单击"确定"按钮。在同花顺网上交易系统展开"查询"|"当日委托"选项，即可以查看所买入委托。

切换至"卖出"窗口，在"卖出股票"选项区中设置证券代码和卖出数量，单击"卖出"按钮，如图 12-14 所示。执行操作后，弹出"委托确认"对话框，显示委托卖出的详细信息，确认无误后单击"是"按钮。弹出"提示"对话框，提示用户的卖出委托已成功提交，单击"确定"按钮即可。

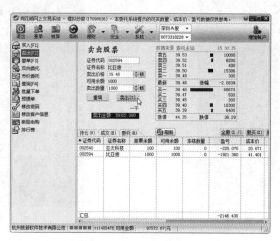

图 12-14　模拟炒股"卖出"界面

12.4　实战：手机股票理财

大智慧手机炒股软件提供沪深、港股、美股、基金、债券、外汇等实时免费行情，并采用最新技术手段做到微秒级更新，好让行情领先 1 秒钟送达投资者手中，帮助投资者抓住每一个赚钱机遇。

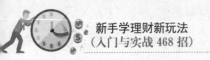

338 如何通过手机查看大盘指数

打开大智慧手机交易软件，单击底部的"市场"按钮进入其界面，如图 12-15 所示，单击"指数"右侧的更多按钮███。执行操作后，进入"沪深市场"界面，显示沪深市场的常用指数，如上证指数、深证成指、中小板指、创业板指、沪深 300、上证 B 股、成份 A 股、上证 50 等。

选择某种大盘指数后，单击进入其分时走势页面。单击走势图右侧中间的███图标，即可展开走势图窗口，并隐藏盘口数据区域。单击分时图窗口，即可切换至 K 线走势图界面。在 K 线图上可单击显示光标，并可查看光标时间点的相关数据信息。

单击右下角的"日 K 线"按钮，在弹出的菜单中可以选择 K 线周期。单击左下方的指标名称，在弹出的菜单中可以选择 K 线图的辅助指标。例如，选择 MACD 选项，即可显示 MACD 指标窗口，如图 12-16 所示。

图 12-15　"市场"界面

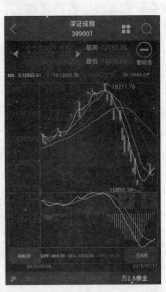

图 12-16　MACD 指标窗口界面

339 怎样通过手机查看个股行情

在大智慧主界面单击右上角的"搜索"按钮，进入"股票查询"界面，在搜索框中输入相应的股票代码或拼音首字母，如常山股份的股票代码"000158"，如图 12-17 所示。

单击相应的查询结果，进入个股详情界面。单击"K 线"按钮，显示个股 K 线走势图。单击"F10"按钮进入其界面，可以查看个股的事件提醒、主要指标、概念题材、机构观点、股本股东、财务数据、公司高管、公司资料等基本面信息，如图 12-18 所示。

图 12-17 "股票查询"界面　　　　　　图 12-18 "F10"界面

340 教你怎样通过手机查看财经资讯

在大智慧主界面单击底部的"资讯"按钮，进入"资讯"界面，显示"要闻"列表，如图 12-19 所示。

单击相应的要闻标题后，即可查看其具体内容，如图 12-20 所示。

图 12-19 "资讯"界面　　　　　　图 12-20 要闻资讯内容

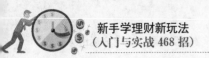
341 手机设置个股价格预警的技巧

在个股详情界面，单击顶部个股名称和代码区域。执行操作后，弹出相应菜单，单击"预警"选项。

进入"添加预警"界面，在下方的"预警条件"选项区中设置相应的条件，包括"股价涨到""股价跌到""日涨跌幅超"。设置完成后，单击"保存"按钮，即可完成预警设置，如图 12-21 所示。

执行操作后，进入"我的"界面，单击"消息"按钮。进入"消息中心"界面，单击"股价预警"按钮。进入"股价预警"界面，如图 12-22 所示，即可查看预警信息。

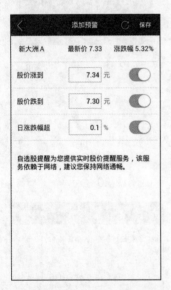

图 12-21 "添加预警"界面

图 12-22 "股价预警"界面

12.5 股票买卖的程序

股票的交易程序一般包括以下几个环节：开户、委托、竞价成交、清算交割、过户等步骤。不过根据不同的股票种类，其交易程序又各有不同，下面以 A 股和 B 股为例，介绍两类股票的交易流程。

342 A 股买卖的方法

客户欲进入股市必须先开立股票账户，股票账户是投资者进入市场的通行证，只有拥有它，才能进场买卖证券。股票账户在深圳又叫股东代码卡。

1．开设资金账户

投资者办理了股票账户后还需办理资金账户。目前在上交所(上海证券交易所)系统，资金账户在证券机构处开立且仅在该机构处有效。证券经营机构按银行活期存款利率对投资者资金账户上的存款支付利息。开立资金账户所需文件及资料基本与股票账户相同。

2．客户填写委托单

客户在办妥股票账户与资金账户后即可进入市场买卖，客户填写的买卖证券的委托单是客户与证券商之间确定代理关系的文件，具有法律效力。委托单一般为二联或三联，一联由证券商审核盖章确认后交由客户，一联由证券商据以执行。

3．证券商受理委托

证券商受理委托包括审查、申报与输入三个基本环节。目前除这种传统的三个环节外，还有两种方式。

一是审查、申报、输入三环节一气呵成，客户采用自动委托方式输入计算机，计算机进行审查确认后，直接进入场所内计算机主机。

二是证券商接受委托审查后，直接进行计算机输入。

4．撮合成交

现代证券市场的运作是以交易的自动化和股份清算与过户的无纸化为特征，电脑撮合集中交易作业程序是：证券商的买卖申报由终端机输入，每一笔委托由委托序号(即客户委托时的合同序号)、买卖区分(输入时分别有 0、1 表示)、证券代码、委托手数、委托限价、有效天数等几项信息组成。电脑根据输入的信息进行竞价处理(分集合竞价和连续竞价)，按"价格优先，时间优先"的原则自动撮合成交。

5．清算交割

清算是指证券买卖双方在证券交易所进行的证券买卖成交之后，通过证券交易所将证券商之间证券买卖的数量和金额分别予以抵消，计算应收、应付证券和应付股金的差额的一种程序。目前深圳股市是"集中清算与分散登记"模式，上海股市是"集中清算与集中登记"模式。

交割是指投资者与受托证券商就成交的买卖办理资金与股份清算业务的手续，深沪两地交易均根据集中清算净额交收的原则办理。

6．过户

所谓过户，就是办理清算交割后，将原卖出证券的户名变更为买入证券的户名。

对于记名证券来讲，只有办妥过户，才是整个交易过程的完成，才表明拥有完整的证券所有权。目前在两个证券交易所上市的个人股票通常不需要股民亲自去办理过户手续。

343 B 股买卖的方法

B 股以人民币标明面值，但需以外币购买，在上海交易所或深圳交易所上市。投资者可以按照以下程序在两大交易所中投资购买。

1．名册登记

投资者由本人或指定的委托人，通过名册登记代理机构(经批准的交易所会员和境外代理商和托管银行，通称结算会员)，向上海证券中央登记结算公司(简称登记结算公司)办理登记手续。

首先由投资者填写登记结算公司统一制作的"投资者开户登记表"。其内容包括：名册登记人员、有效证件号码(商业注册登记号)、国籍(机构注册地)、通讯地址及联系电话等。

然后由名册登记代理机构在登记表上加盖签章，并及时将投资者填制的登记表、有效证件和文件的复印件等送达登记结算公司，并由登记结算公司向投资者提供登记号码。

2．开户

客户在办理名册登记时，须选择一家结算会员为其办理股票结算交收。登记结算公司对 B 种股票实行中央托管。

客户在办妥名册登记后就得到了"股票存管账户"，该账户记载存放于登记结算公司 B 股数额及变动情况。与此同时，客户需在选择的证券商处办理开设外汇资金账户。在上海为美元账户，在深圳为港币账户。

3．委托

委托分为境内委托和境外委托两种。

(1) 境内委托。个人投资者在境内买卖 B 种股票时，须提供 B 种股票账户本和本人有效身份证件，并填写委托买卖单据，包括股东账号、股票名称、委托时间、委托买入或卖出的股数、限价及委托有效期。在委托买入时，各证券经营机构应根据各自核定的标准，严格核实其保证金的额度是否达到要求，以避免承担较大风险。

(2) 境外委托。投资者可通过境外证券商下达买卖命令，由其通过国际通信将客户的指令直接传至上海证券交易所交易大厅的 B 种股票交易席位，再由驻场 B 种股票交易员将委托指令通过终端输入电脑自动对盘系统，电脑在核查发出卖盘指令的投资者没有卖空行为之后，撮合成交。证券商收到委托后的审查、申报、成交的具体操

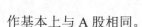

作基本上与 A 股相同。

4．清算交割

B 股的清算交割由于涉及境内、境外以及委托管银行，因此程序较为复杂，以上交所的清算交割程序为例，大致有以下六个步骤。

（1）登记结算公司于证交所每日交易闭市后，根据证交所提供的成交资料，编制各结算会员当日成交的"结算交收通知书"，该通知书于 T+0 下午 4:00 后送达结算会员。

（2）结算会员接到"结算交收通知书"后，境内经纪商和境外代理商最迟须于 T+1 日下午 3:00 之前，托管银行最迟须于 T+2 日中午 12:00 之前，向登记结算公司发出"结算交收指令"。

（3）登记结算公司将于 T+2 日下午 3:00 之前完成所有交收指令的核对，如交收指令核对无误，登记结算公司将据此进行交收；如交收指令核对有误，登记结算公司将及时通知有关的结算会员。

（4）买方结算会员须于 T+3 日中午 12:00 之前，将应付款项足额汇入登记结算公司在代理银行开立的资金账户。

（5）对卖方结算会员，登记结算公司于 T+3，下午 3:00，根据其"结算交收指令"指定的银行账号向代理银行发出汇款指令，并同时实施股权变更和股票转移，按卖方客户沽出股票的数量，调整其股权登记和"股票存管账户"的金额。

（6）登记结算公司于交收完成的当日下午 5:00 之后，向结算会员发出"交收确认书"。同时，按投资者的每笔委托编制"交收凭证"，每周向结算会员邮寄一次"交收凭证"，投资者可在其结算会员处领取自己的"交收凭证"。

12.6　把握炒股的买卖技巧

投资者进行股票投资就是为了盈利，重点就是低卖高买，赚取其中差价，因此投资者要想在股票投资中制胜，就必须掌握股票投资买卖技巧。

344　炒股三大原则不可不知

虽说股市风险重重，但是投资股市获取一定的投资收益，并非完全无章可循。投资者只要认真学习，不断实践，注意学人所长，避己之短，自会找出一条适合自己的投资模式。此外，投资者在入市的时候，一定要遵守以下三大纪律。

1．不满仓

在具体实战过程中，很多人喜欢满仓操作，这样往往把自己置于被动之地。据观

察，能够做到买上股票就一路上涨的概率非常小，绝大部分投资者买入后，或是当日或是次日，都有被套的经历。如果满仓操作，股票被套之后，就只有着急后悔的份儿了，从而失去了再次在低点买入摊低成本的机会。

因此，笔者建议，决定介入某只股票的时候，先买入 60% 的仓位，然后根据该股日后的技术图形和大盘的状况，在其上下 4% 左右的空间里，再买入 30% 的仓位。此后，无论是该股如何上涨，都要留有 10% 的资金作为机动资金。

2．不逆势

投资股票就如同开车在马路上行驶一样，必须沿路顺行，遵守红绿灯的节制，才会安全到达目的地。也就是说，投资股票的时候，一定要认清大势，要在大势确立上升的初期介入，从而确保一路绿灯畅行；如果违背了这一根本，在大势逆转的时候也要买入股票，就如同开车逆行，必定得不偿失。

3．不贪婪

追求炒股利润的最大化，是大家共同的心愿。可是很多时候，我们却又败在了追求最大化这一目标上。可以说，投资者手中大部分被套的股票，在起初介入的时候，都有过或多或少的盈利，正是由于我们的贪婪，没有及时止盈，最终转盈为亏，直至深套。因此，如何掌握股市技术指标，戒掉贪婪，适时止盈颇为关键。

345　股票买入的诀窍

对于买点的把握要学会如何判定股市大趋势，底部是股票从长期下跌趋势转向长期上升趋势的过渡期，当投资者最终对个股的底部和趋势作出准确的判断的时候，就能把握住市场的买点。很多投资者往往都习惯在股市赚了 10% 就走掉了，可是有些股票最后往往都有很大的涨幅，最后导致与大盈利擦肩而过。这实际上就是一个正确把握股票买入点的问题。

从心理的角度来说，由于贪婪是人的天性，大家都希望能尽量抓住市场的机会，所以总希望自己买的股票马上就能涨。当看到自己的股票不涨，而其他的股票都疯涨的时候，在一方面经受自己的股票不涨的折磨，另一方面其他股票大涨的诱惑下，绝大多数的投资者都会做出错误的操作。绝大多数的投资者都是在个股底部并没有构筑完成的时候就买入，然后就长时间地经历着底部的巩固和洗盘，渐渐失去了耐心，当股价出现小幅上升后又回落洗盘的时候，投资者就急忙抛出，而这个时候也就是这些股票开始起飞的时候。因此，投资股市一定要把握好股票的最佳买入点。

346　股票卖出须遵循三大原则

俗话说：会买是银，会卖是金。如果买了好的股票，未能选择好的卖出时机，将会给股票投资带来诸多遗憾。通过对股市的研究，现总结了以下五条卖出股票的法则，希望能给大家一些帮助。

1．低于买入价 7%～8% 坚决止损

这个卖出规则对于许多投资者来讲是很困难的，毕竟对许多人来说，承认自己犯了错误是比较困难的。投资最重要的就在于当你犯错误时迅速认识到错误并将损失控制在最小，这是 7% 止损规则产生的原因。

通过研究发现，40% 的大牛股在爆发之后最终往往回到最初的爆发点。同样的研究也发现，在关键点位下跌 7%～8% 的股票未来有较好表现的机会较小。投资者应注意不要只看见少数的大跌后大涨的股票例子。长期来看，持续地将损失控制在最小范围内，投资将会获得较好收益。

因此，底线就是股价下跌至买入价的 7%～8% 以下时，果断卖掉股票。不要担心在犯错误时承担小的损失，当你没犯错误的时候，你将获得更多的补偿。

使用止损规则时有一点要注意：买入点应该是关键点位，投资者买入该股时判断买入点为爆发点，虽然事后来看买入点并不一定是爆发点。

2．高潮之后卖出股票

有许多方法判断一只牛股将见顶而回落到合理价位，一个最常用的判断方法就是当市场上所有投资者都试图拥有该股票的时候。一只股票在逐渐攀升 100% 甚至更多以后，突然加速上涨，股价在 1～2 周内上涨 25%～50%。

这种情况看似令人振奋，不过持股者在高兴之余应该意识到：该抛出股票了。这只股票已经进入了所谓的高潮区。一般股价很难继续上升了，因为没有人愿意以更高价买入了。突然，对该股的巨大需求变成了巨大的卖压。

根据对过去 10 年中牛股的研究，股价在经过高潮回落之后很难再回到原高点，如果能回来也需要 3～5 年的时间。

3．连续缩量创出高点后卖出

股票价格由供求关系决定。当一只股票股价开始大幅上涨的时候，其成交量往往大幅攀升，原因在于机构投资者争相买入该股以抢在竞争对手的前头。在一个较长时期的上涨后，股价上涨动力衰竭。股价也会继续创出新高，但成交量开始下降。这个时候就得小心了，这个时候很少有机构投资者愿意再买入该股，供给开始超过需求，最终卖压越来越大。一系列缩量上涨往往预示着反转。

347　高手股票理财的良言

下面笔者为股票投资者总结的炒股时的 11 条金玉良言，供投资者参考。

（1）成交量的变化往往领先于价格的变化。成交量一般不会骗人，地量地价，天

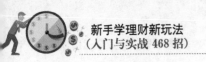
量天价。低位放量上涨买入，高位放天量不涨卖出。

(2) 长期投资可以在月线和周线都处于低位的谷底分批买入；在月线和周线都处于高价的峰顶清仓，平均年收益 10%是可以得到的。因为散户总体年均亏损 17%，若计手续费，总体年均亏损不低于 20%，能不亏损还能获得比银行利息高两倍，也算是高手了。

(3) 长期下降趋势向上突破是中长线最佳买入时机。

(4) 成交量急速减少，表示有些筹码已锁定，强势可望持续；如果暴涨时仍大量成交，表示高档有筹码杀出。

(5) 成交量稳步放大是最佳买入时机。

(6) 出售公有股的上市公司往往是一匹黑马。因为买方的巨额资金需由二级市场赚回来，由买方做庄，卖方提供利好消息作为条件，互相配合，股价自然大涨特涨而成为大黑马了。

(7) 创新高可以引来大量买盘，协助把股价推高，以利派发。

(8) 处于初创期和高速发展期行业的上市公司，其股性活跃，获利机会多，一旦上升行情来临，往往会有突出的表现。

(9) 持续下跌，且跌幅已大，如果在底部收出放量大阳线，则可以果断买入。

(10) 短线操作：日线在底部时买入，日线在顶部时卖出。

(11) 中线操作：周线在底部时买入，周线在顶部时卖出。

12.7　提防股市五大风险的方法

人们常说"股市有风险，入市需谨慎"，那么股票市场究竟有哪些风险呢？投资者又该如何应对炒股风险呢？

348　分散系统风险的方法

股市操作有句谚语："不要把鸡蛋都放在一个篮子里。"这句话道出了分散风险的哲理，具体做法包括以下四点。

1. 分散投资资金单位

20 世纪 60 年代末一些研究者发现，如果把资金平均分散到数家乃至许多家任意选出的公司股票上，总的投资风险就会大大降低。他们发现，对任意选出的 60 种股票的"组合群"进行投资，其风险可将至 11.9%左右，即如果把资金平均分散到许多家公司的股票上，总的投资收益率变动，在 6 个月内变动将达 20.5%。

如果投资者手中有一笔暂时不用的、金额又不算大的现金，又能承受其投资可能带来得损失，那可选择那些高收益的股票进行投资；如果投资者掌握的是一大笔损失不得的巨额现金，那最好采取分散投资的方法来降低风险，即使有不测风云，也会"东方不亮西方亮"，不至于"全军覆没"。

2．行业选择分散

证券投资，尤其是股票投资，不仅要对不同的公司分散投资，而且这些不同的公司也不宜都是同行业的或相邻行业的，最好是有一部分或都是不同行业的，因为共同的经济环境会对同行业的企业和相邻行业的企业带来相同的影响，如果投资选择的是同行业或相邻行业的不同企业，也达不到分散风险的目的。只有不同行业、不相关的企业才有可能此损彼益，从而能有效地分散风险。

3．时间分散

就股票而言，只要股份公司盈利，股票持有人就会定期收到公司发放的股息与红利，例如香港、台湾的公司通常在每年 3 月份举行一次股东大会，决定每股的派息数额和一些公司的发展方针和计划，在 4 月间派息。而美国的企业则都是每半年派息一次。一般临近发息前夕，股市得知公司得派息数后，相应的股票价格会有明显的变动。

短期投资宜在发息日之前大批购入该股票，在获得股息和其他好处后，再将所持股票转手；而长期投资者则不宜在这期间购买该股票。因而，证券投资者应根据投资的不同目的而分散自己的投资时间，以将风险分散在不同阶段上。

349　回避市场风险的方法

市场风险来自各种因素，需要综合运用回避方法。

1．掌握趋势

对每种股票价位变动的历史数据进行详细的分析，从中了解其循环变动的规律，了解收益的持续增长能力。例如，小汽车制造业，在社会经济比较繁荣时，其公司利润有保证，小汽车的消费者就会大大减少，这时期一般就不能轻易购买它的股票。

2．搭配周期股

有的企业受其自身的经营限制，一年里总有那么一段时间停工停产，其股价在这段时间里大多会下跌，为了避免因股价下跌而造成的损失，可策略性地购入另一些开工、停工刚好相反的股票进行组合，互相弥补股价可能下跌所造成的损失。

350　防范经营风险的方法

在购买股票前，要认真分析有关投资对象，即某企业或公司的财务报告，研究它现在的经营情况以及在竞争中的地位和以往的盈利情况趋势。如果能保持收益持续增

长、发展计划切实可行的企业当作股票投资对象，而和那些经营状况不良的企业或公司保持一定的投资距离，就能较好地防范经营风险。如果能深入分析有关企业或公司的经营材料，并不为表面现象所动，看出它的破绽和隐患，并作出冷静的判断，则可回避经营风险。

351 避开购买力风险的方法

在通货膨胀期内，应留意市场上价格上涨幅度高的商品，从生产该类商品的企业中挑选出获利水平和能力高的企业来。当通货膨胀率异常高时，应把保值作为首要因素，如果能购买到保值产品的股票(如黄金开采公司、金银器制造公司等股票)，则可避开通货膨胀带来的购买力风险。

352 避免利率风险的方法

尽量了解企业营运资金中自有成分的比例，利率升高时，会给借款较多的企业或公司造成较大困难，从而殃及股票价格，而利率的升降对那些借款较少、自有资金较多的企业或公司影响不大。因而，利率趋高时，一般要少买或不买借款较多的企业股票，利率波动变化难以捉摸时，应优先购买那些自有资金较多企业的股票，这样就可基本上避免利率风险了。

第 13 章

债券理财：风险较小回报稳定

学前提示

　　债券投资理财的收益和风险是介于银行理财和股票理财之间的。发放债券的企业基本都是大型、起步早、财务较健康的企业，因而债券的收益也是相对稳定的，这样就吸引一些不甘心把资金存放银行又不想承受太高风险的理财人群。

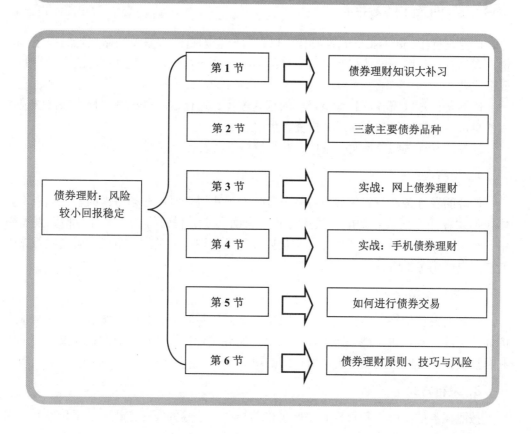

	第 1 节 ⇒	债券理财知识大补习
	第 2 节 ⇒	三款主要债券品种
债券理财：风险较小回报稳定	第 3 节 ⇒	实战：网上债券理财
	第 4 节 ⇒	实战：手机债券理财
	第 5 节 ⇒	如何进行债券交易
	第 6 节 ⇒	债券理财原则、技巧与风险

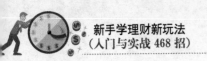

13.1 债券理财知识大补习

与股市相比，债券市场有较丰富的交易品种、绝对稳定的投资保障以及不错的交易性收益，正在吸引更多的普通投资者投身其中。

353 什么是债券

何谓债券？既然涉及债，必然是有借有还。顾名思义，债券(Bond)是一种金融契约，是政府、金融机构、工商企业等直接向社会借债筹措资金时，向投资者发行，同时承诺按一定利率支付利息并按约定条件偿还本金的债权债务凭证。

债券的本质是一种有价证券，它是债务关系的证明书，具有法律效力。债券购买者或投资者与发行者之间是一种债权债务关系，债券发行人即债务人，投资者(债券购买者)即债权人。

354 如何发行债券

债券发行(Bond Issuance)是发行人以借贷资金为目的，依照法律规定的程序向投资人要约发行代表一定债权和兑付条件的债券的法律行为，债券发行是证券发行的重要形式之一。

债券发行是以债券形式筹措资金的行为过程，通过这一过程，发行者以最终债务人的身份将债券转移到它的最初投资者手中。

债券的发行主要包括发行条件、发行价格以及发行方式三个方面。

1. 发行条件

债券的发行条件是指债券发行者发行债券筹集资金时所必须考虑的有关因素，具体包括发行额、面值、期限、偿还方式、票面利率、付息方式、发行价格、发行费用、有无担保等，由于公司债券通常是以发行条件进行分类的，所以，确定发行条件的同时也就确定了所发行债券的种类。

2. 发行价格

债券的发行价格，是指债券原始投资者购入债券时应支付的市场价格，它与债券的面值可能一致，也可能不一致。理论上，债券发行价格是债券的面值和要支付的年利息按发行当时的市场利率折现所得到的现值。

3. 发行方式

按照债券的实际发行价格和票面价格的异同，债券的发行方式可分平价发行、溢价发行和折价发行。

（1）平价发行：指债券的发行价格和票面额相等，因而发行收入的数额和将来还本数额也相等。前提是债券发行利率和市场利率相同，这在西方国家比较少见。

（2）溢价发行：指债券的发行价格高于票面额，以后偿还本金时仍按票面额偿还。只有在债券票面利率高于市场利率的条件下才能采用这种方式发行。

（3）折价发行：指债券发行价格低于债券票面额，而偿还时却要按票面额偿还本金。折价发行是因为规定的票面利率低于市场利率。

355 债券由哪些构成

债券是发行人按照法定程序发行，并约定在一定期限还本付息的有价证券。通俗地讲，债券就是发行人给投资人开出的"借据"。由于债券的利息通常是事先确定的，因此债券通常被称为固定收益证券。债券的基本要素有五个：票面价值、债券价格、偿还期限、票面利率以及发行人名称。

1．票面价值

债券的票面价值简称面值，是指债券发行时设定的票面金额。

2．债券价格

债券价格包括发行价格和交易价格。债券的发行价格可能不等同于债券面值。当债券发行价格高于面值时，称为溢价发行；当债券发行价格低于面值时，称为折价发行；当债券发行价格等于面值时，称为平价发行。

债券的交易价格即债券买卖时的成交价格。在行情表上我们还会看到开盘价、收盘价、最高价和最低价。最高价是一天交易中最高的成交价格；最低价即一天交易中最低的成交价格；开盘价是当天开市第一笔交易价格；闭市前的最后一笔交易价格则为收盘价。

3．偿还期限

债券的偿还期限是个时间段，起点是债券的发行日期，终点是债券票面上标明的偿还日期。偿还日期也称为到期日。在到期日，债券的发行人偿还所有本息，债券代表的债权债务关系终止。

4．票面利率

票面利率是指每年支付的利息与债券面值的比例。投资者获得的利息就等于债券面值乘以票面利率。

5．发行人名称

发行人名称指明债券的债务主体，为债权人到期追回本金和利息提供依据。

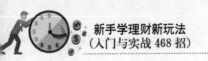
13.2　三款主要债券品种

根据不同的分类标准，债券种类可谓多种多样，而不同的债券产品，又有不同的适合投资人群。投资者在购买债券产品时，首先需要了解不同产品的基本情况，合理选择债券。

356　记账式国债品种

记账式国债是指没有实物形态的票券，投资者持有的国债登记于证券账户中，投资者仅取得收据或对账单以证实其所有权的一种国债。所以，记账式国债又称无纸化国债。

在我国，上海证券交易所和深圳证券交易所已为证券投资者建立了电脑证券账户，因此，可以利用证券交易所的系统来发行债券。我国近年来通过沪、深交易所的交易系统发行和交易的记账式国债就是这方面的实例。如果投资者进行记账式债券的买卖，就必须在证券交易所设立账户。

357　凭证式国债品种

凭证式国债的形式是一种债权人认购债券的收款凭证，而不是债券发行人制定的标准格式的债券。

我国近年通过银行系统发行的凭证式国债，券面上不印制票面金额(而是根据认购者的认购额填写实际的缴款金额)，是一种国家储蓄债，可记名、挂失，以"凭证式国债收款凭证"记录债权，不能上市流通，从购买之日起计息。

在持有期内，持券人如果遇到特殊情况，需要提取现金，可以到购买网点提前兑取。提前兑取时，除偿还本金外，利息按实际持有天数及相应的利率档次计算，经办机构按兑付本金的 0.2%收取手续费。

凭证式国债的主要特点是安全、方便、收益适中，具体来说包括以下几点。

(1) 国债发售网点多，购买和兑取方便、手续简便。

(2) 可以记名挂失，持有的安全性较好。

(3) 利率比银行同期存款利率高 1～2 个百分点(但低于无记名式国债和记账式国债)，提前兑取时按持有时间采取累进利率计息。

(4) 凭证式国债虽不能上市交易，但可提前兑取，变现灵活，地点就近，投资者如遇特殊需要，可以随时到原购买点兑取现金。

(5) 利息风险小，提前兑取按持有期限长短、取相应档次利率计息，各档次利率均高于或等于银行同期存款利率，没有定期储蓄提前支取只能活期计息的风险。

(6) 没有市场风险，凭证式国债不能上市，提前兑取时的价格(本金和利息)不随

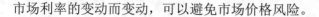

市场利率的变动而变动，可以避免市场价格风险。

358 无记名式国债品种

无记名式国债是一种票面上不记载债权人姓名或单位名称的债券，通常以实物券形式出现，又称实物券或国库券。

实物债券是一种具有标准格式实物券面的债券。在标准格式的债券券面上，一般印有债券面额、债券利率、债券期限、债券发行人全称、还本付息方式等各种债券票面要素。有时，债券利率、债券期限等要素也可以通过公告向社会公布，而不再在债券券面上注明。

无记名式国债的一般特点是：不记名、不挂失，可以上市流通。由于不记名、不挂失，其持有的安全性不如凭证式国债和记账式国债，但购买手续简便。由于可上市转让，其流通性较强。

13.3 实战：网上债券理财

债券是收益相对稳定，且风险不高的理财渠道，这种投资渠道对中等以下的理财爱好者很是具有吸引力。现在网上开通债券理财业务，为中等收入的理财爱好者提供很多便利。

本节以"中国农业银行网上银行"为例，主要介绍它的债券行情查询、购买债券、我的债券、卖出债券、交易明细查询、债券换卡等功能。

359 债券行情查询的方法

打开并登录中国农业银行个人网银，在导航栏中依次选择"投资理财"|"记账式债券"|"债券行情查询"选项进入其界面，设置相应的债券代码和名称，单击"查询"按钮，即可查询到该债券的详情信息，如图13-1所示。

图 13-1 债券行情查询页面

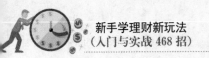

360 购买债券的技巧

打开并登录中国农业银行个人网银，在导航栏中依次选择"投资理财"|"记账式债券"|"购买债券"选项进入其界面，选择债券种类，输入买入份额与借记卡支付密码，单击"确定"按钮，如图 13-2 所示。根据提示完成支付操作，即可购买相应的债券种类。

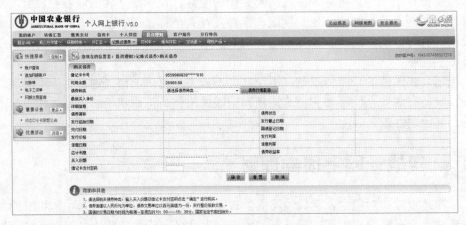

图 13-2 "购买债券"界面

361 如何操作卖出债券

打开并登录中国农业银行个人网银，在导航栏中依次选择"投资理财"|"记账式债券"|"卖出债券"选项进入其界面，设置债券种类、卖出份额、借记卡账户密码等选项，单击"确定"按钮，如图 13-3 所示，即可完成卖出债券的操作。

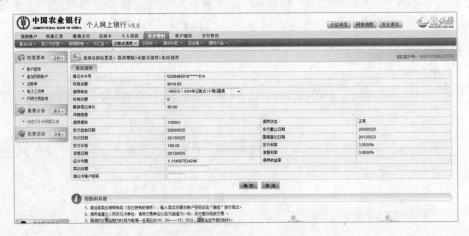

图 13-3 "卖出债券"界面

362　怎样进行交易明细查询

打开并登录中国农业银行个人网银，在导航栏中依次选择"投资理财"|"记账式债券"|"交易明细查询"选项进入其页面，用户可以在此选择是查询当日委托查询还是历史交易查询，然后单击"确定"按钮，即可完成查询债券的交易明细，如图 13-4 所示。

图 13-4　"交易明细查询"界面

363　掌握债券换卡的法门

打开并登录中国农业银行个人网银，在导航栏中依次选择"投资理财"|"记账式债券"|"债券换卡"选项进入其界面，设置原借记卡账户密码、新借记卡卡号、新借记卡账户密码等选项，单击"确定"按钮，如图 13-5 所示，即可完成债券换卡的相关操作。

图 13-5　"债券换卡"界面

13.4　实战：手机债券理财

债券投资不仅可以获取固定的利息收入，而且还能通过市场买卖来赚取差价，可以说是攻守兼备、最为稳健的理财方式。本节以"债券门户"App 为例，讲解通过手

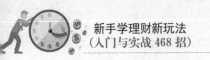
机进行债券理财的具体方法。

364　教你查看债券资讯

"债券门户"App 的主界面主要有资讯、产品、商铺、会员、二维码等功能，如图 13-6 所示。单击"债券新闻"按钮进入其界面，可以浏览近期的债券新闻，如图 13-7 所示。

图 13-6　"债券门户"App

图 13-7　"债券新闻"界面

另外，用户还可以查看债券评论、债券动态及国债期货资讯，如图 13-8 所示。

图 13-8　全面的资讯功能

365 查看债券产品的方法

单击"债券门户"App 主界面下方的"产品"按钮进入其界面，用户可以查看全部的产品列表，如图 13-9 所示。单击相应产品进入详情界面，用户可以直接通过手机一键拨打联系人电话，进行更多的操作，如图 13-10 所示。

图 13-9　查看产品列表

图 13-10　债券产品详情界面

13.5　如何进行债券交易

目前，我国债券交易须到指定的专营证券业务的金融机构进行，主要有证券交易所和各类证券公司(或证券业务部)。与此相对应，债券交易市场主要分为证券交易所交易市场(场内)和证券公司柜台交易市场(场外)，其具体交易流程如下。

366 场内债券交易的方式

场内交易也叫交易所交易，证券交易所是市场的核心，在证券交易所内部，其交易程序都要经证券交易所立法规定，其具体步骤明确而严格。债券的交易程序有五个步骤：开户，委托，成交，清算和交割，过户。

1．开户

债券投资者要进入证券交易所参与债券交易，首先必须选择一家可靠的证券经纪公司，并在该公司办理开户手续。

（1）订立开户合同、开户合同应包括如下事项。

一是委托人的真实姓名、住址、年龄、职业、身份证号码等；二是委托人与证券公司之间的权利和义务，并同时认可证券交易所营业细则和相关规定以及经纪商公会的规章作为开户合同的有效组成部分；三是确立开户合同的有效期限，以及延长合同期限的条件和程序。

（2）开立账户。在投资者与证券公司订立开户合同后，就可以开立账户，为自己从事债券交易做准备。在上海证券交易所允许开立的账户有现金账户和证券账户。

现金账户只能用来买进债券并通过该账户支付买进债券的价款，证券账户只能用来交割债券。因投资者既要进行债券的买进业务又要进行债券的卖出业务，故一般都要同时开立现金账户和证券账户。

2．委托

投资者在证券公司开立账户以后，要想真正上市交易，还必须与证券公司办理证券交易委托关系，这是一般投资者进入证券交易所的必经程序，也是债券交易的必经程序。

委托关系的确立。投资者与证券公司之间委托关系的确立，其核心程序就是投资者向证券公司发出"委托"。投资者发出委托必须与证券公司的办事机构联系，证券公司接到委托后，就会按照投资者的委托指令，填写"委托单"，将投资交易债券的种类、数量、价格、开户类型、交割方式等一一载明。而且"委托单"必须及时送达证券公司在交易所中的驻场人员，由驻场人员负责执行委托。投资者办理委托可以采取当面委托或电话委托两种方式。

3．成交

证券公司在接受投资客户委托并填写委托说明书后，就要由其驻场人员在交易所内迅速执行委托，促使该种债券成交。

（1）债券成交的原则。在证券交易所内，债券成交就是要使买卖双方在价格和数量上达成一致。这程序必须遵循特殊的原则，又叫竞争原则。这种竞争规则的主要内容是"三先"，即价格优先、时间优先、客户委托优先。

价格优先就是证券公司按照交易最有利于投资委托人的利益的价格买进或卖出债券；时间优先就是要求在相同的价格申报时，应该与最早提出该价格的一方成交；客户委托优先主要是要求证券公司在自营买卖和代理买卖之间，首先进行代理买卖。

（2）竞价的方式。证券交易所的交易价格按竞价的方式进行。竞价的方式包括口头唱报、板牌报价以及计算机终端申报竞价三种。

4．清算和交割

债券交易成立以后就必须进行券款的交付，这就是债券的清算和交割。

(1) 债券的清算。债券的清算是指对同一证券公司在同一交割日对同一种国债券的买和卖相互抵消，确定出应当交割的债券数量和应当交割的券款数额，然后按照"净额交收"原则办理债券和券款的交割。

一般在交易所当日闭市时，其清算机构便依据当日"场内成交单"所记载的各证券商的买进和卖出某种债券的数量和价格，计算出各证券商所应收应付价款相抵后的净额以及各种债券相抵后的净额，编制成当日的"清算交割表"，各证券商核对后再编制该证券商当日的"交割清单"，并在规定的交割日办理交割手续。

(2) 债券的交割。债券的交割就是将债券由卖方交给买方，将券款由买方交给卖方。在证券交易所交易的债券，按照交割日期的不同，可分为当日交割、普通日交割和约定日交割三种。如上海证券交易所规定，当日交割是在买卖成交当天办理券款交割手续；普通交割日是买卖成交后的第四个营业日办理券款交割手续；约定交割日是买卖成交后的 15 日内，买卖双方约定某一日进行券款交割。

5. 过户

债券成交并办理了交割手续后，最后一道程序是完成债券的过户。过户是指将债券的所有权从一个所有者名下转移到另一个所有者名下。其基本程序包括如下几方面。

(1) 债券原所有人在完成清算交割后，应领取并填过户通知书，加盖印章后随同债券一起送到证券公司的过户机构。

(2) 债券新的持有者在完成清算交割后，向证券公司要到印章卡，加盖印章后送到证券公司的过户机构。

(3) 证券公司的过户机构收到过户通知书、债券及印章卡后，加以审查，若手续齐备，则注销原债券持有者证券账上机同数量的该种债券，同时在其现金账户上增加与该笔交易价款相等的金额。对于债券的买方，则在其现金账户上减少价款，同时在其证券账户上增加债券的数量。

367　场外债券交易的方式

场外债券交易就是在证券交易所以外的证券公司柜台进行的债券交易。

1. 自营买卖债券的程序

场外自营买卖债券就是由投资者个人作为债券买卖的一方，由证券公司作为债券买卖的一方，其交易价格由证券公司自己挂牌。自营买卖程序十分简单，具体包括以下几方面。

(1) 买入、卖出者根据证券公司的挂牌价格，填写申请单。申请单上载明债券的种类提出买入或卖出的数量。

(2) 证券公司按照买入、卖出者申请的券种和数量，根据挂牌价格开出成交单。

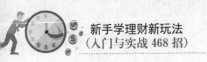
成交单的内容包括交易日期、成交债券名称、单价、数量、总金额、票面金额、客户的姓名、地址、证券公司的名称、地址、经办人姓名、业务公章等，必要时还要登记卖出者的身份证号。

(3) 证券公司按照成交，向客户交付债券或现金，完成交易。

13.6 债券理财原则、技巧与风险

投资者在进行债券投资前，除了要掌握收益率的计算方法，还需了解影响可流通国债价格的因素。实际上，所有持有债券的投资者都存在市场变化和利率波动两种风险。投资者要想在债券投资中制胜，就必须掌握债券投资技巧。下面笔者与广大投资者分享债券投资技巧，以供投资者参考。

368　债券理财须知三大投资原则

我们要驾驭某一事物，必须先摸清它的运行规律，然后再根据规律办事，投资债券也应如此。在投资债券之前，投资者除了要了解债券的基础知识外，还需要研究债券投资的一般原则。

1．收益性原则

不同种类的债券收益大小不同，投资者应根据自己的实际情况选择，例如，国家(包括地方政府)发行的债券，一般认为是没有风险的投资；而企业债券则存在着能否按时偿付本息的风险，作为对这种风险的报酬，企业债券的收益性必然要比政府债券高。

2．安全性原则

投资债券相对于其他投资工具要安全得多，但这仅仅是相对的，其安全性问题依然存在，因为经济环境有变、经营状况有变、债券发行人的资信等级也不是一成不变的。因此，投资债券还应考虑不同债券投资的安全性。例如，就政府债券和企业债券而言，企业债券的安全性不如政府债券。

3．流动性原则

债券的流动性强意味着能够以较快的速度将债券兑换成货币，同时以货币计算的价值不受损失，反之则表明债券的流动性差。影响债券流动性的主要因素是债券的期限，期限越长，流动性越弱，期限越短，流动性越强，另外，不同类型债券的流动性也不同。

例如，政府债券，在发行后就可以上市转让，故流动性强；企业债券的流动性往往就有很大差别，对于资信卓著的大公司或规模小但经营良好的公司，它们发行的债

券其流动性是很强的，反之，那些规模小、经营差的公司发行的债券，流动性要差得多。

369　高手告诉你如何选择

（1）根据自己的财务状况和投资偏好选择凭证式国债或记账式国债。凭证式国债收益明显高于同期银行定期存款利率，但流动性相对较差，需要至少持有半年后才能提前兑现，适于进行中长期投资；如果对投资资金变现程度要求较高，可以购买流动性较好的记账式国债。

（2）"降息通道"中购买凭证式国债不妨早出手。目前，中国已经进入降息周期，一般而言，随着央行利息下调，随后发行的凭证式国债利率较之前发行的国债利率会有所下调，因此，购买凭证式国债的投资者不妨早做准备早购买，以尽早锁定相对较高的利率和收益。

（3）购买记账式国债需关注投资风险。相比凭证式国债而言，二级市场上的记账式国债虽然流动性好，但收益却是浮动的，因此存在一定的投资风险。

370　掌握债券交易的小技巧

在债券实际交易过程中，投资者应该学会以下技巧，理性投资。

1. 时间差拉动收益

一般发行的债券都有一个发行期，如一个月。如果是在这一个月内要买进债券，最好在最后一天购买；同样，到期兑付会有一个兑付期，最好在兑付的第一天去兑现。这样，可以减少资金占用的时间，并拉动债券投资的收益率。

2. 新旧债券的换卖

当新国债发行时，要提前卖出旧国债，再连本带利买入新国债，所得收益可能比旧国债到期才兑付的收益高。在进行新旧债券的转换时，必须比较卖出前后的利率高低，估算转卖是否合算。

3. 选择高收益债券

债券的收益是介于储蓄和股票、基金之间的一种投资工具，相对安全性比较高。所以，在债券投资的选择上，不妨大胆地选购一些收益较高的债券，如企业债券、可转让债券等。对于风险承受力较高的投资者，可以选择其他一些高收益的债券。

4. 利用市场和地域赚差价

不同的证券交易所在交易同一品种国债时，其交易价格是有差异的。利用两个市场之间的市场差价，可以在其中赚取差价。同时，可以利用各地区之间的地域差，进

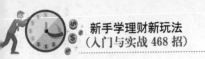
行贩卖且赚取差价。

371 信用风险类型

信用风险又称违约风险，指的是债券发行人在到期时无法还本付息而使投资者遭受损失，主要受到债券发行人的经营能力、盈利水平、事业稳定程度以及规模大小等因素影响。一般来说，政府债券的信用风险最小，理论上认为中央政府债券是信用风险最低的债券，例如，我国的国债。当然也有一些政局不稳的国家，政府债券信用风险也很高。

372 利率风险类型

利率是影响债券价格的重要因素之一，它是由于利率变动而使投资者遭受损失的一种风险。当利率提高时，债券的价格就降低；当利率降低时，债券的价格就会上升，这种情况下，都会有风险存在。

第 14 章
外汇理财：高手可以用钱赚钱

学前提示

外汇理财就是利用不同国家货币价值不一，在兑换时带来差价进行理财。外汇理财就是"以钱生钱"的投资方式，对于理财初学者而言，只要掌握好技巧，学习好专业知识，外汇也能为其带来利润。

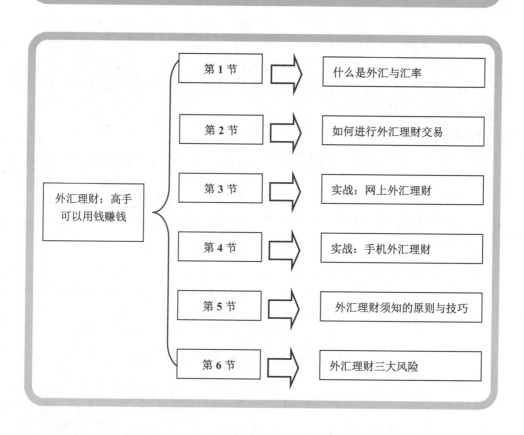

外汇理财：高手可以用钱赚钱	第 1 节	→	什么是外汇与汇率
	第 2 节	→	如何进行外汇理财交易
	第 3 节	→	实战：网上外汇理财
	第 4 节	→	实战：手机外汇理财
	第 5 节	→	外汇理财须知的原则与技巧
	第 6 节	→	外汇理财三大风险

14.1 什么是外汇与汇率

相对于其他投资方式，外汇投资备受投资者们青睐，它就像是一个典型且充满智慧的市场游戏，具有独特的优势。那么，究竟什么是外汇和汇率呢？

373 外汇的概念大普及

外汇是以外币表示的用于国际结算的支付凭证。从通俗意义上来说，外汇指的是外国钞票，可是并不是所有的外国钞票都是严格意义上的外汇。外国钞票能否被称为外汇，首先要看它能否自由兑换，或者说这种钞票能否重新回流到它的国家，而且可以不受限制地存入该国的任意一家商业银行的普通账户上去，并在需要时可以任意转账，才能称为外汇。

374 外汇的种类有哪些

外汇基本分为自由外汇与记账外汇两大类，自由外汇是指无须经过发行货币国家批准，即可以在国际市场上自由买卖，随时使用，又可以自由转换为其他国家货币的外汇。记账外汇通常只能根据协定，在两国间使用。一般只在双方银行账户上记载，既不能转让给第三国使用，也不能兑换成自由外汇。在我国，根据不同的分类标准，外汇又可分为以下大类型。

1．按外汇管制程度划分

(1) 现汇。中国《外汇管理暂行条例》所称的四种外汇均属现汇，是可以立即作为国际结算的支付手段。

(2) 额度外汇，国家批准的可以使用的外汇指标。如果想把指标换成现汇，必须按照国家外汇管理局公布的汇率牌价，用人民币在指标限额内向指定银行买进现汇，按规定用途使用。

2．按交易性质划分

(1) 贸易外汇。贸易外汇来源于出口和支付进口的货款以及与进出口贸易有关的从属费用，如运费、保险费、样品、宣传、推销费用等所用的外汇。

(2) 非贸易外汇。非贸易外汇是指进出口贸易以外收支的外汇，如侨汇、旅游、港口、民航、保险、银行、对外承包工程等外汇收入和支出。

3．按外汇使用权划分

(1) 中央外汇。中央外汇一般由国家计委掌握，分配给中央所属部委，通过国家外汇管理局直接拨到地方各贸易公司或其他有关单位，使用权仍属中央部委或其所属单位。

(2) 地方外汇。地方外汇是指中央政府每年拨给各省、自治区、直辖市使用的固定金额外汇，主要用于重点项目或拨给无外汇留成的区、县、局使用。

(3) 专项外汇。专项外汇是指根据需要由国家计委随时拨给并指定专门用途的外汇。

375　汇率的定义大普及

汇率是一国货币同另一国货币兑换的比率。如果把外国货币作为商品的话，那么汇率就是买卖外汇的价格，是以一种货币表示另一种货币的价格，因此也称为汇价。

外汇市场上，汇率通常用两种货币之间的兑换比例来表示，如 USD1=CNY6.2115，就是说美元和人民币的兑换比率是 1：6.2115，也可以说是 1 美元需要用 6.2115 元人民币进行购买。

汇率是国际贸易中最重要的调节杠杆。因为一个国家生产的商品都是按本国货币来计算成本的，要拿到国际市场上竞争，其商品成本一定会与汇率相关。汇率的高低也就直接影响该商品在国际市场上的成本和价格，直接影响商品的国际竞争力。

376　教你如何汇率标价

要确定两种不同货币之间的比价，必须先确定使用哪个国家的货币作为标准。由于确定的标准不同，外汇汇率的标价方法也有所不同，通常有直接标价法和间接标价法两种标价方式。

1. 直接标价法

直接标价法又称为应付标价法，是以一定单位的外国货币作为标准，折算为本国货币来表示其汇率。在直接标价法下，外国货币数额固定不变，汇率涨跌都以相对的本国货币数额的变化来表示。一定单位外币折算的本国货币减少，说明外币汇率已经下跌，即外币贬值或本币升值。

我国和国际上大多数国家都采用直接标价法。我国人民币汇率是以市场供求为基础的、单一的、有管理的浮动汇率制度。中国人民银行根据银行间外汇市场形成的价格，公布人民币对主要外币的汇率。

2. 间接标价法

间接标价法又称为应收标价法，是以一定单位的本国货币为标准，折算为一定数额的外国货币来表示其汇率。在间接标价法下，本国货币的数额固定不谈，汇率小组涨跌都以相对的外货币数额的变化来表示。一定单位的本国货币折算的外币数量增多，说明本国货币汇率上涨，即本币升值或外币贬值；反之，一定单位本国货币折算

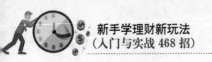

的外币数量减少，说明本国货币汇率下跌，即本币贬值或外币升值。英国一向使用间接标价法。

14.2 如何进行外汇理财交易

"投资必须是理性的，如果你不能了解它，就不要投资。"外汇投资是一种充满智慧的投资，投资者除了要了解外汇交易的方式外，还需要对外汇投资交易的相关细则、投资术语以及投资优势等内容进行掌握。

377 外汇交易有哪些规则

1．交易时间

外汇市场区别于其他交易市场最明显的一点就是时间上的连续性和空间上的无约束性。换句话说，外汇市场是一个 24 小时不停止的市场，主要的波动和交易时间在周一新西兰开始上班到周五美国芝加哥下班。周末在中东也有少量的外汇交易存在，但基本上可忽略不计，因为这属于正常的银行间兑换，并非平时的投机行为。所以综上所述，外汇市场是一个不停止的、连续不断的交易市场。

2．交易报价

汇率实际上就是以一种外国货币购买另一种外国货币的价格。汇率经常以货币对的形式报价，例如 GBP/USD、USD/CHF 等，之所以称其为货币对的形式报价，是因为每笔外汇交易中买进一种货币的同时又卖出了另一种货币。

外汇交易通常要依次经过报价(询价)、成交(签订或达成买卖合同)和交割(互相交付现款或转账结算)几个环节，其中报价是核心环节。

3．交易订单

外汇交易中的订单类型设计得比较人性化，订单会告诉你什么时候以什么样的方式进入市场和退出市场。交易过程中常见的订单类型包括止损单、限价单和 OCO 订单等。

(1) 止损单。当您想在一个比当前市价更不利的价格上开设新头寸时，你可以设置止损进场单。对于买入订单来说，是在一个比当前价格更高的价格上买入，而卖出订单则是在一个比当前价格更低的价格上卖出。

(2) 限价单。如果投资者想在比当前价格更好的价位开设头寸，可以使用进场限价单。对于买入订单来说，价格将比当前价格低；而卖出订单，价格将在当前价格之上。

(3) OCO 订单。OCO 就是二选一，是指两个独立的订单连接在同一个市场下，当两个订单中的一个被触发且成交后，另一个订单则会随即被删除。也就是说，一个订单的执行会导致另一个被取消。当交易者察觉两种情景中的其中一种可能会出现于某个货币对时，可以使用 OCO 订单。

4．利息计算

合约现货外汇的计息方法，不是以投资者实际的投资金额计算的，而是以合约的金额计算的。例如，投资者投入 1 万美元作为保证金，共买了 10 个合约的英镑，那么利息的计算不是按投资者投入的 1 万美元计算的，而是按 10 个合约的英镑总值计算的，即英镑的合约价值乘以合约数量，这样利息的收入就很可观了。同时如果汇率不升反跌，投资者即使拿到利息，也抵不了汇率下跌造成的损失。

利息的计算公式有两种：一种是用于直接标价的外币，像日元、瑞士法郎等；另一种是用于间接标价的外币，如欧元、英镑、澳元等。

财息兼收并不意味着买卖任何一种外币都有利息可收，只有买高息外币才有利息的收入，而卖高息外币不仅没有利息收入，投资者还必须支付利息。由于各国的利息经常会调整，因此，不同时期不同货币的利息支付或收取是不一样的，投资者往往以从事外币交易的交易商公布的利息收取标准为依据。

5．盈亏计算

计算盈亏就是要计算买入和卖出的点差的价值。例如，买入欧元是 0.8950，卖出是 0.8959，点差就是 9 点。要计算每一点的价值，可以有两种方法，即直接标价法和间接标价法。

直接标价法的计算公式为：盈亏=(卖价-买价)×合约单位/平仓价×手数。

间接标价法的计算公式为：盈亏=(卖价-买价)×合约单位×手数。

378　国际几种常见的外汇币种

下面介绍我国投资者接触比较多的，并且在世界上相对来说经常作为国际贸易间支付手段的高流通性货币，例如美元、欧元、英镑、日元等。

1．美元

美元的发行机构为美国联邦储备银行，货币符号是 USD，钞票面额包括 1 元、2元、5 元、10 元、20 元、50 元、100 元七种。以前曾发行过 500 元和 1000 元面额的大面额钞票，现在已不再流通。辅币有 1 分、5 分、10 分、25 分、50 分等。

从 1913 年起美国建立联邦储备制度，发行联邦储备券。现行流通的钞票中 99%以上为联邦储备券。美元的发行权属于美国财政部，主管部门是国库，具体发行业务由联邦储备银行负责办理。美元是外汇交换中的基础货币，也是国际支付和外汇交易中的主要货币，在国际外汇市场中占有非常重要的地位。

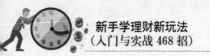

2．欧元

欧元是欧盟中 17 个国家的货币。1999 年 1 月 1 日，在实行欧元的欧盟国家中实行统一货币政策，2002 年 7 月欧元成为欧元区唯一的合法货币。

欧元由欧洲中央银行(European Central Bank，ECB)和各欧元区国家的中央银行组成的欧洲中央银行系统(European System of Central Banks，ESCB)负责管理。随着 2002 年欧元纸币和铸币的正式流通，欧元已经成为全球主要的货币之一，其地位仅次于美元。

3．英镑

英镑的货币符号为 GBP，钞票面额包括 5 镑、10 镑、20 镑、50 镑。由于英国是世界最早实行工业化的国家，曾在国际金融业中占统治地位，英镑曾是国际结算业务中的计价结算使用最广泛的货币。"一战"和"二战"以后，英国经济地位不断下降，但由于历史的原因，英国金融业还很发达，英镑在外汇交易结算中还占有相当重要的地位。

4．日元

日元又称日圆，其纸币称为日本银行券，是日本委派日本银行在日本发行的法定货币，自 1871 年起发行，现有纸币、金属币、纪念纸币与金属纪念等多种系列货币在流通，按制作材料有纸币、硬币。

日元是外汇交易中比较活跃的币种，是外汇市场波动最大的货币之一，也是交投最活跃的货币之一。日本是无资源国，其贸易、工业发达，海外投资大，同时加上日本政府对汇率实施保护政策，经常干预汇市，因此汇率波动比较大。作为第二次世界大战后经济发展最快的国家之一，日元也是"二战"后升值最快的货币之一，因此日元在外汇交易中的地位也变得越来越重要。

14.3　实战：网上外汇理财

外汇理财看似很高端、大气、上档次，其实外汇理财并不是那么神秘，现在很多理财人士都投入其中。接下来介绍怎么在网上炒外汇，希望能为打算进行外汇理财的初学者提供到帮助。

本节以"中国农业银行网上银行"为例，主要介绍：外汇交易、交易查询/撤单、我的外汇宝、银行牌价定制、更换交易卡等功能。

379　如何操作外汇交易

打开并登录中国农业银行个人网银，在导航栏中依次选择"投资理财"|"外汇

宝"|"外汇交易"选项进入其界面，设置外汇卖出币种、现钞或是现汇、是否全额卖出、卖出金额、买入币种、买入金额、账户密码等选项，如图 14-1 所示。然后单击"询价"按钮，再转页面后单击"确认"按钮即可完成外汇交易操作。

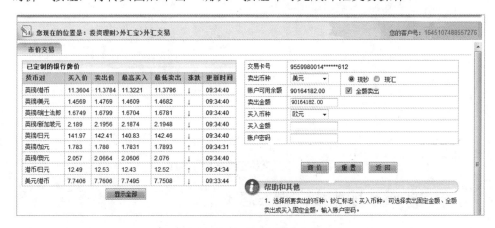

图 14-1　"外汇交易"界面

380　怎样进行交易查询/撤单

打开并登录中国农业银行个人网银，在导航栏中依次选择"投资理财"|"外汇宝"|"交易查询/撤单"选项进入其界面，设置交易流水账号、交易状态、交易提交日期等选项，单击"确定"按钮，如图 14-2 所示，即可查询到交易的详细信息。

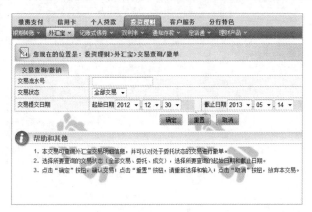

图 14-2　"交易查询/撤单"界面

在导航栏中依次选择"投资理财"|"外汇宝"|"交易查询"|"撤单"选项进入其界面，设置账户密码选项，后单击"撤单"按钮，如图 14-3 所示，即可完成撤单操作。

银期转账 外汇宝 记账式债券 双利丰 通知存款 定活通 理财产品

您现在的位置是：投资理财>外汇宝>交易查询/撤单　　您的客户号：

交易详情

交易卡号	9559980014******612	交易流水号	10000005
交易类型	委托交易	交易状态	委托
钞汇标志	现钞		
卖出币种	USD 美元	卖出金额	888.00
买入币种1	JPY 日元	获利汇率1	99.0000
		止损汇率1	88.0000
买入币种2		获利汇率2	
		止损汇率2	
买入币种3		获利汇率3	
		止损汇率3	
委托提交时间	2009年05月18日15时	委托有效时间	2009年05月18日20时
交易时间			
成交汇率		优惠点数	0
买入金额		关联流水号	
账户密码			

撤单　打印　返回

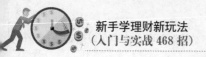

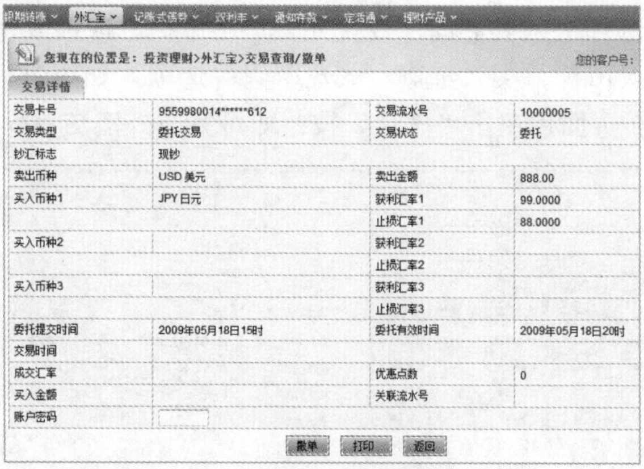

图 14-3　“交易查询撤单”界面

381　查询外币活期账户详情信息

打开并登录中国农业银行个人网银，在导航栏中依次选择“投资理财”|“外汇宝”|“我的外汇宝”选项并进入其界面，如图 14-4 所示，即可查询外币活期账户详情信息。

缴费支付 信用卡 个人贷款 投资理财 客户服务 分行特色

银期转账 外汇宝 记账式债券 双利丰 通知存款 定活通 理财产品

您现在的位置是：投资理财>外汇宝>我的外汇宝　　您的客户号：1645107488557276

外币活期账户

账户序号	币种	账号	钞/汇	可用余额	账户余额	操作
0000	港币	9559980014******612	现钞	758.04	758.04	转定期
0000	美元	9559980014******612	现钞	90163294.00	90163294.00	转定期
0000	日元	9559980014******612	现钞	32347.00	32347.00	转定期
0000	加元	9559980014******612	现钞	1094.73	1094.73	转定期
0000	澳元	9559980014******612	现钞	144.46	144.46	转定期
0000	欧元	9559980014******612	现钞	856.00	856.00	转定期

外币定期账户

账户序号	币种	账号	钞/汇	可用余额	账户余额	开户日期	存期	利率	操作
0107	港币	9559980014******612	现钞	88.00	88.00	2010-05-23	三个月	2.37500	转活期
0108	港币	9559980014******612	现钞	99.00	99.00	2010-05-23	三个月	2.37500	转活期
0102	美元	9559980014******612	现钞	777.00	777.00	2010-04-21	六个月	2.87500	转活期
0105	美元	9559980014******612	现钞	11.00	11.00	2010-04-22	一个月	2.25000	转活期

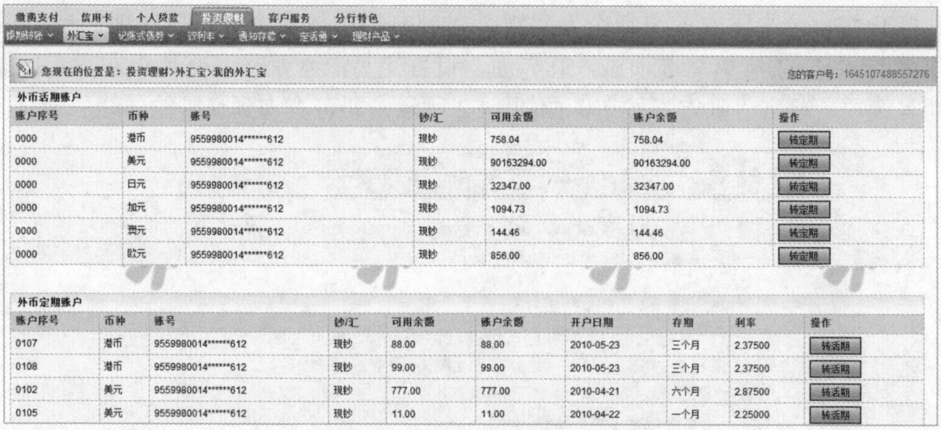

图 14-4　“我的外汇宝”界面

382　银行牌价定制

打开并登录中国农业银行个人网银，在导航栏中依次选择“投资理财”|“外汇宝”|“银行牌价定制”选项并进入其界面，即可完成银行牌价定制操作，如图 14-5 所示。

选择	货币对	买入价	卖出价	最高买入	最低卖出	涨跌	更新时间
☑	英镑/港币	11.3604	11.3784	11.3221	11.3796	↓	09:34:40
☑	英镑/美元	1.4569	1.4769	1.4609	1.4682	↓	09:34:40
☐	英镑/瑞士法郎	1.6749	1.6799	1.6704	1.6781	↓	09:34:40
☐	英镑/新加坡元	2.189	2.1956	2.1874	2.1948	↓	09:34:40
☐	英镑/日元	141.97	142.41	140.83	142.46	↓	09:34:40
☐	英镑/加元	1.783	1.788	1.7831	1.7893	↓	09:34:31
☐	英镑/澳元	2.057	2.0664	2.0606	2.076	↓	09:34:40
☐	港币/日元	12.49	12.53	12.43	12.52	↑	09:34:34
☐	港币/澳元	9.5697	9.5897	9.3883	9.3954	→	10:51:03
☑	美元/港币	7.7406	7.7606	7.7495	7.7508	↓	09:33:44
☐	美元/瑞士法郎	1.142	1.145	1.1421	1.1447	↓	09:34:00
☐	美元/新加坡元	1.4933	1.4957	1.4941	1.4981	↓	09:34:21

图 14-5　"银行牌价定制"界面

383　更换交易卡的技巧

打开并登录中国农业银行个人网银，在导航栏中依次选择"投资理财"|"外汇宝"|"更换交易卡"选项进入其界面，设置原交易卡账户密码、新交易卡号、新交易卡账户密码等选项，然后单击"提交"按钮，如图 14-6 所示，即可完成更换交易卡操作。

图 14-6　"更换交易卡"界面

14.4　实战：手机外汇理财

相对于其他投资方式，外汇投资备受投资者们青睐，它就像是一个典型且充满智慧的市场游戏，具有独特的优势。因为外汇的投资对象是钱，因此外汇投资又被称为"以钱赚钱"的投资方式。外汇市场潮起潮落，只有坚持适合自己的交易计划，掌握投资技巧，投资者才能以钱生钱，收获财富。本节以"和讯外汇"App 为例，讲解通过手机进行外汇理财的具体方法。

384　查看外汇行情的方法

"和讯外汇"App 是和讯网为财经用户打造的一款全面的外汇平台，实时更新各大主流银行的外汇牌价以供用户横向对比，寻找最佳银行进行外币兑换。它集合丰富准确的路透外汇行情、实时专业的财经资讯、全面及时的财经日历数据库、方便生活的理财工具为一体，让用户尽情享受一站式体验。

进入"和讯外汇"App 主界面后，用户可以查看自选、基本、交叉、所有、黄金、全球等外汇行情，如图 14-7 所示。单击相应的外汇产品进入详情界面，可以通过分时、日线、周线、月线等 K 线周期来观察外汇行情走势，如图 14-8 所示。

图 14-7　基本外汇行情　　　　　　　　图 14-8　查看债券详情

在"资讯"界面，财经资讯 7×24 更新，支持离线下载阅读，如图 14-9 所示。在"财经日历"界面，用户可以查看最新的财经数据和财经事件，如图 14-10 所示。

图 14-9　"资讯"界面　　　　　　　　图 14-10　"财经日历"界面

385 计算外汇牌价技巧

　　"和讯外汇"App 可以快速查看外汇牌价，如图 14-11 所示。例如，单击"美元"选项进入其详情界面，可以查看国内各大银行的兑换挂牌价，如图 14-12 所示。

图 14-11　"牌价"界面　　　　　图 14-12　牌价详情界面

　　在"牌价"界面，单击右上角的"和讯工具"图标✂，用户可以使用购汇、结汇、外汇间兑换、外汇储蓄等理财工具，如图 14-13 所示。例如，单击"购汇"按钮，进入"购汇计算器"界面，输入相应的买入数量，并设置买入种类，单击"开始计算"按钮，即可自动计算出购汇金额，如图 14-14 所示。

图 14-13　和讯工具界面　　　　　图 14-14　购汇计算器界面

14.5 外汇理财须知的原则与技巧

"任何的投资都是有法可依的，投资者要根据具体的投资进行总结和分析，以选择最适合的投资交易方法。"外汇交易也是一样，投资者可以学习前辈们总结出的投资技巧，应用到自己的交易过程中，避免投资失误的出现。

386 交易规则

没有规矩，不成方圆。外汇投资也有交易纪律，不遵守纪律的投资者，很容易遭受损失。

1．入场前规则

(1) 寂静的时候不进场。

(2) 只做趋势明朗的币种，不做趋势不明朗的币种。

(3) 任何交易都至少包含入场价、止损价、目标价、仓位控制四个基本要素。

2．入场后规则

(1) 短线头寸盈利超过 30 点，则第一时间将止损提到成本价附近。

(2) 执行同一时间级别的交易计划。比如依据小时图所做的操作，不单独因为 30 分钟图出现的短线不良迹象而贸然改变计划。

387 建仓原则

1．顺势建仓原则

涨势从来不会因为涨幅太大而不能继续上涨，跌势也从来不会因为跌幅太大而拒绝继续下跌。趋势最大的特征就是延续性，顺势建仓是风险相对最小的建仓方式。

(1) 入场。任何时候都谨慎入场，即便是顺势操作同样要有依据地交易，且都要严格地控制风险。

(2) 持仓。趋势没有改变信号，坚定持有信心。

(3) 赢利。跟随趋势，不断提高止损，不预判高点，才能把握趋势的延续性。

2．逆势建仓原则

逆势建仓时，特别忌讳贪便宜，任何情况下都不因为跌幅已经特别大了而作为建仓的理由。而且要注意：小级别的逆势交易不做。

(1) 控制是逆势交易第一要务，防止出现难以弥补的损失。

(2) 放弃。反弹机会也总会出现，但很多反弹是不适合交易的：小级别反弹、无力度的反弹、第一波反弹。这些机会都是显著的大风险机会。

388　资金安全管理

资金管理就是投资者在进行交易时所持有的仓位占总资金的比例，不管盈利还是亏损，投资者的入场资金永远要保持在操作账户的 15% 以下。可以追加入场资金，但是前提是前面的订单有了一定的盈利，这种情况下，总的入场资金仍然不能超过账户资金的 15%。

资金管理最好的方法，就是你的交易资金常保持三倍于持有合约所需的保证金。为了遵循这个规则，必要时减少合约手数也无妨。这个规则可帮助你避免用所有的交易资金来决定买卖，有时会被迫提早平仓，但你会因而避免大赔。

389　如何保证交易止损

在外汇交易中，止损的价值是有目共睹的，但是止损的方法那么多，该如何判定止损应该在什么时候进行、设置多少点是合适的呢？从大的方面来说，止损有两类方法：第一类是正规止损，第二类是辅助性止损。

(1) 外汇交易正规止损：它的原则是当买入或持有的理由和条件消失了，这时即使处于亏损状态，也要立即卖出。正规止损方法完全根据当初买入的理由和条件而定，由于每个人每次买入的理由和条件千差万别，因此止损方法也不能一概而论。

(2) 外汇交易辅助性止损：辅助性止损包括最大亏损法、回撤止损等多种有效方法。

14.6　外汇理财三大风险

在外汇投资市场中，投资者面临从投资研究、行情分析、投资方案、投资决策、风险控制、资金管理、账户安全、不可抗拒因素导致的风险等，这些风险几乎存在于外汇投资的各个环节。针对不同的风险类型，投资者需要采取不同的风险管理手段，应对投资风险。

390　交易风险

交易风险也称交易结算风险，是指运用外币进行计价收付的交易中，经济主体因外汇汇率变动而蒙受损失的可能性。

391　折算风险

折算风险有时又称为"转换风险"或"会计性风险"，是指汇率变动对企业财务

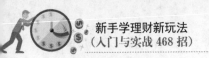
账户的影响。

392　经济风险

经济风险是指由于未预料到的汇率变动，使企业预期现金流量的净现值发生变动的可能性，又称"现金流量风险"。

经济风险包括真实资产风险、金融资产风险和营业收入风险三方面，其大小主要取决于汇率变动对生产成本、销售价格以及产销数量的影响程度。

例如，一国货币贬值可能使得出口货物的外币价格下降从而刺激出口，也可能使得使用的进口原材料的本币成本提高而减少供给，此外，汇率变动对价格和数量的影响可能无法马上体现，这些因素都直接影响着企业收益变化幅度的大小。

第 15 章
房产理财：社会蛋糕的大奶油

学前提示

　　房产绝对是社会利润蛋糕的一块大奶油，房产行业走出了多少房产大鳄，多少人靠炒房产一夜暴富。这块大奶油自然而然让很多人眼红，虽然现在房产行业没有过去那样暴利，但是房产理财还是能够获得不错的利润回报。

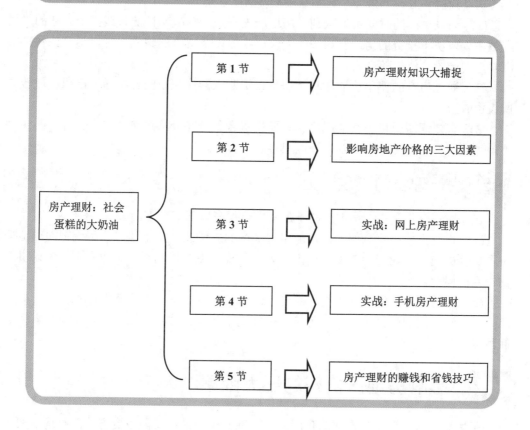

房产理财：社会蛋糕的大奶油	第 1 节	⇨	房产理财知识大捕捉
	第 2 节	⇨	影响房地产价格的三大因素
	第 3 节	⇨	实战：网上房产理财
	第 4 节	⇨	实战：手机房产理财
	第 5 节	⇨	房产理财的赚钱和省钱技巧

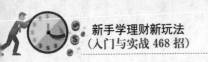

15.1 房产理财知识大捕捉

投资者如果要在看得眼花缭乱的房产市场中看准投资房产的方向，还需要知道如下常识。

393 什么是房地产

房地产是指土地、建筑物及固着在土地、建筑物上不可分离的部分及其附带的各种权益。房地产投资是指以房产为对象，或者说为媒介、载体、工具的投资，是借助于房地产来获取收益的投资行为。房地产市场是指从事房产、土地的出售、租赁、买卖和抵押等交易活动的场所或领域。

394 选择房产理财的充分理由

房产投资到底有何魅力，让那么多投资者痴迷呢？

（1）通过房产的时间价值获利。房地产投资是一项战略性的长线投资，它的投资绩效主要取决于投资的房地产周边的人流、物流以及资金的聚集程度，当这些数据上涨时，房产的价值也随之增长。

（2）通过房产的使用价值获利。即将投资购入的住宅或旺铺，通过出租获取较高的投资收益。

（3）有效规避通货膨胀的风险。只要投资者不是在经济过热时买入，并且购买的不是"楼花"，则房地产可以较好地规避通货膨胀。

395 房产理财的不足之处

在家庭理财投资中，房地产的不足集中体现在以下三个方面。

（1）投资失败风险。例如，可能出现房产的质量或房型不佳、住房或铺面的地理位置选择失当、物业管理较差、周围的人文环境和治安状况不好等购房决策失误引起的一系列问题。

（2）经营风险。住房出租及商铺自营或出租，都存在一些经营性的风险。

（3）法律法规政策风险。这种风险往往说来就来，并且，这种风险是投资者无法预测或预知的。

15.2 影响房地产价格的三大因素

买房无论从投资还是自住的角度来看，都不失为最稳妥的投资方式。买房需要一双慧眼，也要善于挖掘一个升值的地标。要买房就买地标楼盘，因为它不仅能为你提供舒适的居住环境，还能给你的房子带来巨大的升值空间。

396 政府规划因素

城市规划是房地产投资者最需要关注的问题，必须详细研究政府制订的城市规划走向，把握未来城市的热点。例如，政府大力开发一个原本大家都不看好的片区，此时该片区的配套和交通等变得完善，随之而来的自然是片区内的楼盘升值。由此可见，政府的市政规划是带动片区房地产发展的最大利好因素。通常情况下，政府的城市规划信息都会在媒体上进行公布，投资者只要细心留意即可获得相关信息。

397 金融政策因素

交易房地产与买卖普通商品一样，具有商品的性质。因此，国家金融政策会通过银行信贷政策、银行利率以及货币政策等几个方面对房产的价格不可避免地产生影响，投资者应密切关注这方面的信息。

398 土地政策因素

在计算房产价格时，土地成本是其中最重要的组成部分之一，有关制定土地价格的政策以及对土地的买卖和使用方式的规定都将对房价产生巨大影响。

土地政策主要从以下两个方面影响房价。

（1）土地调控政策。土地出让价格是房地产价格的重要组成部分，房地产价格与土地出让价格密不可分，两者相互影响、相互作用。另外，土地利用用途管制与监督对房地产价格的影响也很大。

（2）土地供应政策。国家的土地供应政策会影响土地的价格。例如，当土地成本降低时，开发商能通过项目开发投资带来更多的利润，使得他们积极开发更多的房地产，增加市场的供给。

15.3 实战：网上房产理财

房产绝对是个让人又爱又恨的产业。谈起房产，很多人惯性认为是炒楼盘、地皮生意。其实不然，那仅仅是房产的一个小小部分，房产理财还包括：买卖出租铺面、买卖出租或租住房等。现在网上房产理财除了可以炒楼盘赚钱，还可以为用户租房、铺面、写字楼节约时间与成本。

399　网上查看房源的方法

打开并登录网上房地产主页，在导航栏中选择"一手房"选项进入其页面，设置相应的所在区县、所属板块、房屋类型、面积范围、项目地址、成交均价、区域、项目名称、状态、开盘编号等选项，单击"查询"按钮，如图 15-1 所示，即可查询房源信息。

图 15-1　网上房地产"一手房"房源查询页面

400　如何进行房产评估

打开并登录房价网，在导航栏中选择"房产评估"选项进入其页面，设置相应的小区/地址、楼栋数据、面积、楼层等选项，单击"评估"按钮，如图 15-2 所示，即可得出房产评估结果。

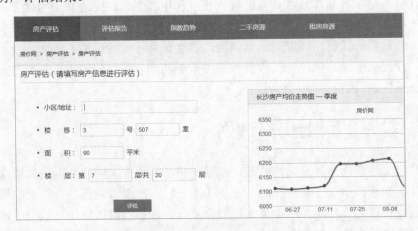

图 15-2　"房产评估"页面

401　房产的在线交易

API 在线交易就是把用户的房产资料和买卖、租、出租房屋的意愿传递给商家，同时把商家手里的房源和信息通过 API 平台传给用户，为二者提供交易平台。

例如，打开并登录房价网，在导航栏中选择"API 在线交易"|"房屋租金"选项进入其页面，设置相应的联系人、邮箱、公司等选项，单击"购买"按钮，如图 15-3 所示。根据提示完成支付操作，即可完成 API 在线交易操作。

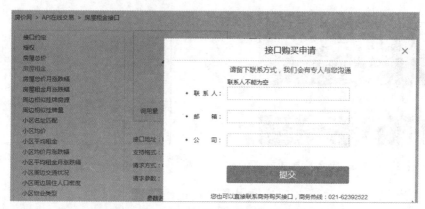

图 15-3　API 在线交易"房屋租金"接口购买申请页面

15.4　实战：手机房产理财

房产投资最显著的特点就是：用别人的钱来赚钱。很多投资者都有一笔闲钱，存在银行里利息太低，炒股又担心风险太大，那么投资房产也是一个不错的选择，既可收取租金，又可期望升值变现。本节以"搜房网"App 为例，讲解通过手机进行房产投资的具体方法。

402　房产买卖

房地产经济活动，是大量资金运动的过程，一旦作出投资决定，资金的投入就是一个难以逆转的持续过程。因此，投资者在投资房产前一定要做好充足的准备，利用手机 App 即可最大限度地帮助用户找到最好的房源和求购者。

"搜房网"App 是由国内最大的房地产门户搜房网推出的一款购房应用，平台覆盖了全国 318 个城市新房、二手房、租房房源，用户数超过 500 万，如图 15-4 所示。最新、最权威的房产资讯，让用户第一时间了解最新房产政策、房价走势，在售、待售新楼盘一网打尽，如图 15-5 所示。

图 15-4 "搜房网" App 主界面

图 15-5 查看新房源

在"新房"界面中，单击"打折优惠"按钮，可以查看本地的打折优惠房源，如图 15-6 所示。选中相应楼盘后，单击"抢购优惠"按钮，进入"提交订单"按钮，用户可以直接通过手机 App 下单付款，如图 15-7 所示。

图 15-6 "打折优惠"楼盘界面

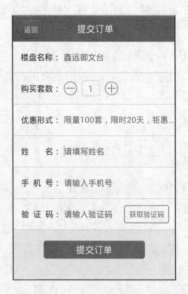

图 15-7 "提交订单"界面

通过"搜房网"App 内置的"看房团"功能，提供车辆带购房者去观看合作的楼盘，一般一次看房会有好几家楼盘可看，并有独家的折扣，如图 15-8 所示。购房者全程在舒适的环境下看房，细致地了解楼盘信息，互相对比，最终再作出购房决定；房产商也可以更加有效地增加客源和销售量。"查房价"功能可以在地图中列出用户附近的楼盘价格，对比更加形象、逼真，如图 15-9 所示。

图 15-8 "看房"界面

图 15-9 "查房价"界面

另外，"搜房网"App 还具有房贷计算器功能，用户可以直接通过手机计算商业贷款、公积金贷款以及组合贷款的费用，如图 15-10 所示。而且还可以直接通过手机来申请贷款，简化了贷款手续。

图 15-10 "房贷计算器"界面

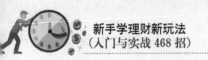
对于要卖房的用户来说，使用"搜房网"App 可以更快地发布卖房信息，方便地设置相应的楼盘名称、户型、面积以及添加图片等，如图 15-11 所示。

图 15-11　卖房委托界面

403　房屋租赁

房产投资的最大收益就是房屋出租和房产转让，在正常情况下，投资者都是先通过房屋出租的方式来获取部分收益，然后在适当的时候将房产出售，进而取得出售收益。如果投资房产用来出租收益，就要避免空置现象，用户可以使用"搜房网"App 快速找到租客。"搜房网"App 的出租方式有整租和合租两种形式，如图 15-12 所示。在发布租房信息时，用户可以选择个人或者委托经纪人发布，如图 15-13 所示。

图 15-12　"出租方式"界面　　　　　　图 15-13　发布出租信息界面

坐收租金，不需日日劳心劳力，每月有相对稳定的收入来源，不失为一个好的投资选择。富有的投资者完全可以在有住房的基础上，根据自己的情况再适当购置住宅商品房、二手房或沿街商业房，体验一下家外有"家"、坐收房租的惬意感觉。

另外，对于那些刚刚步入社会的年轻人来说，租房无疑是最佳的选择，除了租金相对比较划算之外，还可以根据工作的不同需要而搬迁。"搜房网"App 可以通过区域、来源、租金等条件来筛选房源，帮助用户找到最合适自己的出租房，如图 15-14 所示。用户可以通过"地图找房"或"雷达找房"功能，找到距离自己最近的出租房，如图 15-15 所示。

图 15-14　出租房搜索界面

图 15-15　地图找房界面

15.5　房产理财的赚钱和省钱技巧

不管是买房还是租房、出租，房产理财都需要掌握一定的技巧，才能更赚钱或者更省钱。

404　五招轻松搞定好房源

寻找房源是一件较为费神的事情，因为首先要符合租房者的经济条件，又得满足生活、工作便利，这两项都得兼顾，才不会顾此失彼。想要选择到满意的房源，必须把握好以下"五看"。

(1) 看交通地段。最好是离公司、商业区以及娱乐区近一点，同时去火车站和汽车站等交通枢纽方便一点。

(2) 看物业保安。最显而易见的考察方式是观察保安的服务状态、来访记录的详细情况，观察小区的摄像头和防护网等保全措施，以及楼道卫生及垃圾清理情况。

(3) 看家具家电。在看房时把所有东西清点一遍，检查家电的运作情况、家具的完好程度，将其列入清单中，并与房东协商好出现故障时维修费用由谁来承担。

(4) 算清水电费。入住前检查上次的水电费、物管费、网费以及电话费等是否结清，最好是记录一下入住当日的水电表度数，方便结算水电费。而且还得看清租房合同中的水电费收费标准，防止房东乱涨价乱收费。

(5) 看交租时间和方式。在合同中要明确写出签订合同的日期以及房租到期时间，还有就是交租方式、交租日期，如果房东提前终止合同该如何赔偿，以及押金退还的时间和方式等。

405　商品房预售合同的流程

购房者首先应根据自己的收入和支出等实际情况来确定适合自己的楼盘，不要一买房就买三室两厅，做到一步到位；而是从自己的实际情况出发，好好规划一下，其实能满足基本的居住需求就好，避免出现不必要的额外负担。要知道，理性和有规划的消费是购房的前提。同时，还必须掌握商品房预售合同的一般流程。

(1) 选择楼盘。预购人通过中介、媒体等渠道寻找需要的楼盘，并查询该楼盘的基本情况。

(2) 签订预售合同。与开发商签订商品房预售合同，并办理预售合同文本登记备案。

(3) 交付房屋。商品房竣工后，开发商办理初始登记，交付房屋。

(4) 过户、登记。与开发商签订房屋交接书，办理交易过户、登记、领证手续。

406　贷款买房，减轻压力

目前能够一次性付款购房的人还是很少的一部分，大多数老百姓还是采用分期付款的方式买房。由于房屋抵押贷款风险小、利润高的优点，已成为各大银行的必争之地。为了争夺房贷客户，各家银行推出了一系列的优惠措施来吸引客户。但目前市场上的房贷产品个体差异较大，置业者可以根据自身的需求来选择银行以及其房贷产品，以减轻还贷压力。

407　选择适合的还款方法

一旦你选择了贷款购房，则应根据自己的财务收支情况，选择适合的还款方法。

(1) 应尽量多地申请按揭贷款。因为购房贷款利率已几次下调，另外申请的贷款额度越大，首期付款的额度越小，还可以将多余的钱进行其他高收益投资。

(2) 计算富余资金回报率。如果购房者手中的富余资金回报率高于购房贷款利率时，就不应考虑提前还贷；相反，如果购房者手中的多余存款并没有其他的用途，提前还款还是合适的。

408　买卖二手房的十大技巧

中国人的观念是"有房才有家"，而现在是一个高房价时代，没钱买一手房，就要考虑买二手房。购买二手房要注意以下十个方面，可以避免考虑不周，吃后悔药。如今二手房交易越来越普及，当你想卖掉自己的房屋时，可以通过美化二手房，使要出售的房屋无论在看房时还是在成交概率上都明显占据优势。

(1) 选好地理位置。对于购买二手房长期投资人群而言，最好选择在商圈成熟、地段较好、交通便利区域买房。

(2) 细看房屋质量。由于二手房使用时间长，潜在的问题很容易看出来，如漏水、地面塌陷等，也可以通过探访卖家的街坊邻居，了解房子的质量状况。

(3) 选择户型面积。工薪家庭可以考虑那些户型小、总价低的二手房进行过渡，而高薪家庭则可以购买那些户型相对较宽敞的二手房。

(4) 检验房屋产权。要求卖方提供合法证件，包括产权证书、身份证件、资格证件以及其他证件，确认产权的完整性，查验房屋有无债务负担，最后还需要向有关房产管理部门查验所购房屋产权来源与其合法性。

(5) 厘清物业杂费。弄清楚居住费用水、电、气的价格，以及其他物业服务。

(6) 细查屋内配置。通常情况下，卖家都会通过折价或半卖半送的方式，将二手房内的通常配置，例如，空调、沙发、热水器、床等，出售给购房者。因此，一定要仔细查看这些物品是否能用，再考虑购买与否。

(7) 清楚装修结构。购买二手房一般都可以省下装修费用，如果购房者要重新装修，最好先了解其住宅的内部结构图，包括管线的走向、承重墙的位置等。

(8) 邻里是否和睦。拜访附近的邻居，了解他们在此居住是否顺心，提前与邻居打好感情基础，同时也能知晓所购买房屋的整体居住氛围。

(9) 房屋整洁干净。"好的第一印象就是成功的一半"，可见"第一印象"相当重要。因此，保持房屋干净整洁，提供良好的第一印象，可以增加房屋的吸引力。

(10) 完善基础设施。对房中明显破损的部位(如户门、楼梯、窗框等)进行一下简单的修缮，特别要注意的是修补墙面、屋顶等区域的打孔和渗水的痕迹。

409　火眼金睛，挑选中介

好的房屋中介可以让你事半功倍，尽快找到舒心的住房。当进入一家中介公司时，必须要求查看这家公司的工商执照和税务登记，看看其有没有合法的中介资格。

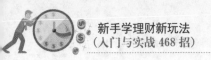

确定付款时要收取正规的服务业专用发票，公章印迹要清晰可见。一般大型中介公司都设有大量连锁门市，并有业务热线和专业网站，为租房人提供快速便利的服务，它们的房源信息量大并且较可靠。而那些非法的小中介公司大多利用重复虚假的房源信息对求租人坑蒙拐骗，求租人由于个人收集的信息资料有限，对于信息的分辨能力不强，容易上当受骗，还耗时耗力。

410　多心留意，谨防陷阱

目前，许多人因为经济基础比较薄弱，无力买房置业，大多都愿意租房居住。但由于目前我国的房屋租赁市场还尚待规范，所以不少租房者都有过上当受骗的经历。

在租房时务必要小心以下五种骗术。

(1) 骗取房屋租金和押金。不法中介从业主手中骗得房屋钥匙后刊登低价出租广告吸引租房人士，承租人需要支付一定的押金和租金。不法中介骗取大量现金后伺机携款出逃，从而给业主及租房人带来巨大的财产损失。

(2) 骗取房源，赚取巨额差价。不法中介骗取业主信任后，以极低的价格代理业主的房屋，转手以不收取中介费的名义按市场价格出租，从而赚取高额差价。

(3) 冒充房东骗取中介费。不法中介租下一套房子，并找其他人冒充房东，以极低的房租吸引租房人与假房东签下合同，然后假房东又找出各种理由收回出租房，从而骗取租房人的中介费。因此，如果感觉不对，可以查看房主的房产证、身份证以及户口本等，识破假房东。

(4) 骗取各种名义的费用。例如，中介公司提出优惠方式，让租房人交纳为数不多的一笔费用后(一般为 300～500 元)，中介公司会为租房人提供若干条房源信息，由租房人自己去联系。中介成功应当是签订了书面合同或交付了定金，而绝不能将"交换联系方法"列为成功。

(5) 合同存在不合理条款。例如，中介公司与租房人签订协议中，如果有类似"乙方与出租人交换各自的联系方式，或与之签订了有关定金合同，中介公司即完成了与乙方的委托合同，乙方应支付中介费"这样的条款，则租房人就要提高警惕，中介公司很可能与其内部员工通过唱双簧的把戏，骗取房客的中介费。

第 16 章

古玩理财：文艺中隐藏的暴利

古董文物，自古至今一直备受文人和富豪的追捧，尤其近几年来兴起一股古玩理财热，它不再是文人和富豪的游戏。从长远的角度来看，古玩以其只涨不跌的特性，使得更多的人投入其中。古玩收藏，不仅仅可以体现收藏者的雅致，而且能为收藏者带来潜在的价值。

学前
提示

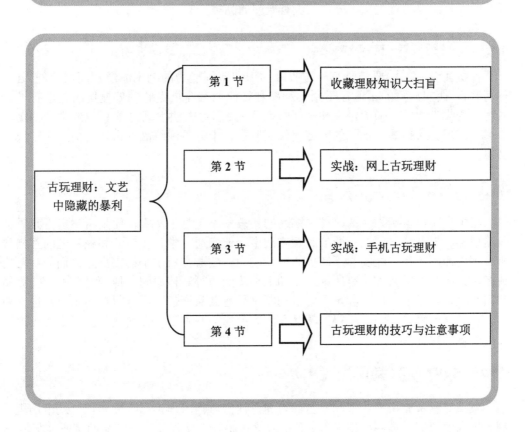

古玩理财：文艺
中隐藏的暴利

第 1 节 ⇨ 收藏理财知识大扫盲

第 2 节 ⇨ 实战：网上古玩理财

第 3 节 ⇨ 实战：手机古玩理财

第 4 节 ⇨ 古玩理财的技巧与注意事项

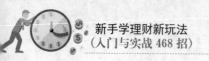
16.1 收藏理财知识大扫盲

大收藏家王世襄先生说过"我不是收藏家，我是玩家"，可见，收藏品也是一种玩物。随着社会文明的提升和人民生活水平的提高，越来越多的人加入收藏爱好者的队伍之中。然而，收藏并不是有钱人的专利，其实人人都可以成为收藏家。当今收藏者可以大致分为爱好者、专家、玩家和收藏家四重境界。

411 收藏爱好者层次

收藏爱好者大多是初入门或多关心而少实践的收藏者，他们虽然十分关心收藏信息和注意市场上的热门收藏，但由于"心无真赏"而欠缺主见，往往不知从何下手，于是习惯在旧货市场上购藏一些零零碎碎的民间工艺品，有时也会收藏一些价值低廉的书画或古玩；也有的是由于经济或时间的局限，仅靠报纸、杂志和书本等去了解收藏知识，但极少下"藏海"搏击。他们对收藏常常抱有"奇遇""撞彩"的捡漏心理，所以收藏上没有主次之分，也没有专门的品类。

412 收藏业余专家层次

收藏业余专家主要是具有一定收藏知识和鉴别能力的艺术品经营商或经纪人(俗称掮客)。他们购藏的目的在于贩卖和赢利。他们有穿街走巷到处搜集的；也有设店候客、既收也卖的；他们经常和一些藏家及艺术家联络并代理买卖；也经常到拍卖场和旧货市场上去捡漏。他们的购藏就像买股票，十分关注藏品的市场行情变化，低入高出。

413 艺术玩家层次

艺术玩家以赏玩为目的，往往购藏的初衷并不是为了贩卖，而是希望自得其乐、陶冶情操和提高修养。在不断的收藏实践中，他们通过学习、考证和藏友之间互相赏析、评价而不断积累经验，不断提高审美能力。随着赏析水平的提高，他们会对已购或未购的藏品有所甄别和有所筛选，加上经济能力等其他原因，他们也会把一些藏品拿出来流通，乐于"以藏养藏"。他们既感受着藏品增值、经济得益的乐趣，也不断地为拥有新的藏品和淘到难得的精品而欢欣鼓舞，并不断地在扬弃与交流中逐步提高自身收藏的综合水平。

414 专业收藏家层次

收藏家具备充裕的金钱和丰富的素养，他们对艺术理论和收藏知识以及市场规律都有较高的理解，具备辨识优劣真伪的眼光。拍卖会往往是他们藏品的主要来源。

收藏家以拥有稀世珍品为荣耀且极少转手买卖，他们往往根据自身的兴趣而专于一类或某几类的收藏，并深入研究甚至著书立说。在某些条件下，他们不惜向国家或社会收藏机构捐献藏品，甚至设立个人艺术博物馆，从而自觉与不自觉地为传承传统文化、为后世留存艺术精品做出了卓越的贡献。

415　收藏，具体用什么理财

收藏可以获利在收藏界已经是公开的秘密，但具体到某一位藏友，且一年能获利多少，主要取决于两个因素：一是能否找到货源(即收藏品)，二是能否找到合适的买主。收藏品没有准确的定义，根据较为权威的定义和说法，收藏品可以分为自然历史、艺术历史、人文历史和科普历史四类，具体分为文物类珠宝、名石和观赏石类、钱币类邮票类、文献类、票券类、商标类、徽章类、标本类、陶瓷类、玉器类、绘画类等。

目前在拍卖品市场比较火爆和受到藏友追捧的收藏品类主要有书画、陶瓷、玉器、珠宝、名石等类，这些也被藏友们通称为大件藏品。而其他一些藏品，通常被藏友们称为杂件。

416　收藏，处于不败之地

在艺术氛围越来越浓的今天，为什么越来越多的人投入于收藏之中？收藏的魅力到底在哪里？

(1)　保值增值的投资途径。人们投资收藏的重要原因就是希望藏品保值增值，以此获得财富。

(2)　对历史的回顾与审视。收藏是一种对历史的回顾和审视，在收藏过程中，我们可以体味到时间的震撼，体味到历史的美感，体味到民族的自豪感。

(3)　是一种闲情逸致。收藏是一种执着的心情，将一件件东西从各地收集起来置于自己手边，是收藏者最大的成功，也是收藏最大的动力。

417　万事俱备，古玩收藏的条件

看你是否具备一个收藏者的条件，要满足以下三个要求。

(1)　一定的鉴别能力。在决定收藏某种品种前一定要先学习一定的相关知识。若在收藏的过程中从一窍不通，则付出的代价太大，切不可尝试。

(2)　充足的资金准备。收藏要量力而行，不然在你具有一定的收藏知识后，突然发现自己的资金不足，则会陷于"遇到好东西买不起，放弃又不忍"的痛心情况。

(3)　坚强的后方支持。进行收藏活动前一定要得到家人的支持，这样才能无后顾之忧，并且得到"众人拾柴火焰高"的好结果，还能与家人一起分享收藏的乐趣。

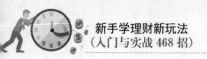

16.2 实战：网上古玩理财

现在古玩理财的浪潮越来越高涨。央视和地方卫视有专门节目播放古玩收藏鉴赏，它们取得较高的收视率就是古玩理财盛行一个很好的证明。现在网上也有很多古玩收藏理财的网页，为古玩理财爱好者提供了很大方便。

本节以"中华古玩网"为例，介绍查看求购信息、查看古玩店铺、集市浏览、挑选物品、古玩鉴赏等功能。

418　查看求购信息

打开并登录中华古玩网，在导航栏中依次选择"首页"|"求购信息"|"书画"|"求购藏品名称"选项进入其页面，如图 16-1 所示，即可查看到求购详情信息。

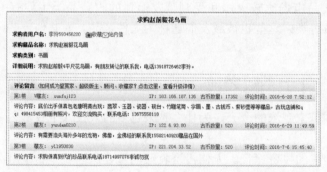

图 16-1　求购信息

419　查看古玩店铺

打开并登录中华古玩网，在导航栏中依次选择"店铺"|"高级店铺"选项进入其页面，如图 16-2 所示，即可查看符合要求的所有店铺。

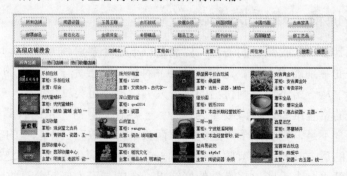

图 16-2　高级店铺浏览页面

420 浏览集市藏品

打开并登录中华古玩网，在导航栏中依次选择"集市"|"藏品列表"选项进入其页面，如图 16-3 所示，即可浏览集市上的藏品。

图 16-3 集市浏览页面

421 挑选古玩物品

打开并登录中华古玩网，在导航栏中依次选择"集市"|"中国书画"|"四联老画"选项进入其页面，如图 16-4 所示，用户可以选择捡漏或者是存款购物，购买自己喜欢的古玩。

图 16-4 "四联老画"挑选页面

422　查看古玩鉴定

打开并登录中华古玩网，在导航栏中依次选择"鉴定"|"鉴定讨论列表"|"雍正通宝宝泉母钱"选项进入其页面，如图 16-5 所示，即可查看到雍正通宝宝泉母钱的鉴定结果。

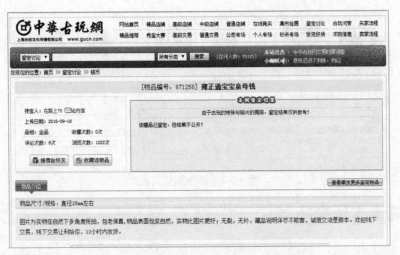

图 16-5　"雍正通宝宝泉母钱"鉴定结果

16.3　实战：手机古玩理财

俗话说："乱世黄金、盛世收藏。"收藏不但是非常好的理财方式，而且是一种美的享受，很多人将珍贵的艺术品视为财富、地位与身份的象征。近年来，艺术品投资的回报率较高，使得各类投资者纷纷拥入这个领域。其实，投资收藏品能否保值增值，大有学问。本节以"爱收藏"App 为例，讲解通过手机玩转收藏投资理财的具体方法。

423　用手机查看收藏品

时下，如何使投资者的"钱袋子"不缩水成为人们谈论最多的话题。越来越多的家庭选择了追加投资，除了股市、债券、基金以及房产外，各种火热的收藏也让人们看到了另一个收益可观的投资渠道。"爱收藏"App 是一款收藏圈必备神器，由珍玩网出品，内容涵盖文玩古玩等所有收藏领域，是圈内最专业的手机应用，如图 16-6 所示。

宝贝：主要包括精品殿、市场、店铺推荐、求购、晒宝贝等栏目，如图 16-7 所示。用户可以将自己收藏的宝贝晒出来，与大家分享，如图 16-8 所示。

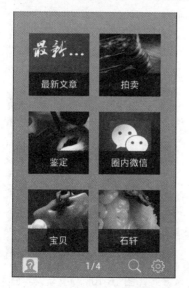

图 16-6　"爱收藏"App 界面

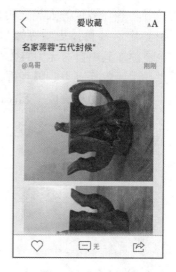

图 16-7　"宝贝"界面　　　　　　　　　图 16-8　分享宝贝

石轩：主要包括和田玉、翡翠、琥珀/蜜蜡、玛瑙、绿松石、青金石、红珊瑚、彩色宝石、奇石/名石等宝石栏目，如图 16-9 所示。评价奇石的收藏价值可从形、色、质、纹四个方面入手。

文玩：主要包括菩提子、文玩核桃、核雕、天珠、牙角、竹木等栏目，如图 16-10 所示。文玩主要指的是文房四宝及其衍生出来的各种文房器玩，这些文具造型各异、

雕琢精细、可用可赏，使之成为书房里、书案上陈设的工艺美术品。

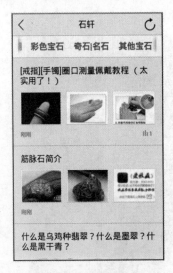

图 16-9 "石轩"界面

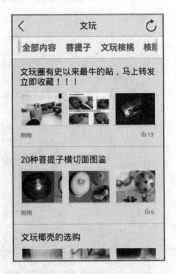

图 16-10 "文玩"界面

古玩：主要包括玉器、陶瓷、家具、金属器物等栏目，如图 16-11 所示。古玩又称文物、骨董等，被视为人类文明和历史的缩影，融合了历史学、方志学、金石学、博物学、鉴定学及科技史学等知识内涵。经历无数朝代起伏变迁，藏玩之风依然不衰，甚至更热，其中自有无穷魅力与独到乐趣。

香堂：主要包括沉香、降真香、檀香等栏目，如图 16-12 所示。最上等的沉香一般不用于熏焚，而是被制成工艺品，它所具备的收藏价值非常高。

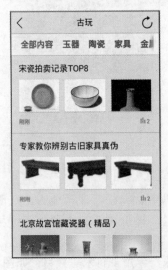

图 16-11 "古玩"界面

图 16-12 "香堂"界面

木府：主要包括金丝楠、黄花梨、紫檀、乌沉木、红木等栏目，如图 16-13 所示。虽然红木行业在 2012 年出现了下滑的市场行情，但是随着国民生活水平的提高，红木家具和饰品越来越多地走入普通消费者视野。

其他收藏：主要包括紫砂壶、茶叶、书画印章、文房四宝、佛像、邮币等栏目，如图 16-14 所示。

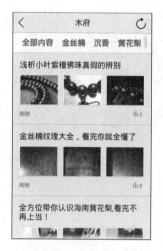

图 16-13　"木府"界面

图 16-14　"其他收藏"界面

424　用手机鉴定和拍卖

随着市场经济的繁荣发展，收藏品既是货币等价物，也是一种美的享受，更是一种投资理财的工具。收藏是一门艺术，也是一门很深奥的学问。对于收藏者来说，具备一定的专业知识是必不可少的。

随着艺术品投资的火热，大量假货、赝品充斥市场，不善于鉴别的投资者很容易被这些赝品所欺骗而造成损失。行话说：不怕买贵，就怕买假。刚入门的收藏投资者要多听行家的评价，多研究相关资讯，对古玩年代、材质、工艺、流派、真假进行深入细致地了解、鉴赏和识别。因此，一个合格的投资者，不但要具有一定的经济实力和购买魄力，还要有一定的鉴赏能力和收藏耐力。

如今，通过"爱收藏"App，投资者可以直接使用手机来发布鉴定需求，并且快速得到想要的答案，如图 16-15 所示。

如果投资者想要出售自己的藏品，也可以通过"爱收藏"App 进行拍卖，如图 16-16 所示。拍卖也称竞买，是商业中的一种买卖方式，卖方通常会把商品卖给出价最高的人。

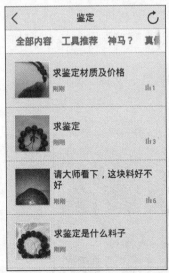

图 16-15　"爱收藏"App

除了学会买卖外，还要坚持特色收藏。通常，特色收藏有以下四类。

(1) 按品种收藏。这是指不同类别，如收藏者对文房类感兴趣，可以选择其中一个小项如笔筒系列收藏。

(2) 按纹饰收藏。即寻找自己感兴趣的主题。

(3) 按朝代收藏。例如，有的收藏者对不同朝代的器物有特别的兴趣。

(4) 按用途收藏。用途也是收藏的一方面，如收藏古家具等，实用性则很强。

图 16-16　"拍卖"界面

16.4 古玩理财的技巧与注意事项

收藏多少年来一直受人们关注，如今，越来越多的人涉足收藏，然后留心观察，同时起步的人几年后会有不同的结果，之所以会有不同的结果，原因之一就是是否掌握了科学的收藏方法。

425 积累专业知识

如果一个对于人民币收藏一无所知的人，进入人民币收藏行业，就如同进入博彩行业一般，只会追涨杀跌，听风便是雨。收藏投资市场与金融市场一样，比的也是"眼力"。你的眼力好，奇货珍品会经常走进你的收藏"宝库"；反之，你与珍品将"永世无缘"。要具备这种眼力，靠的就是平日里的不断积累。

(1) 具备系统的知识。作为一个成功的收藏者，系统地掌握历史、民俗、文学、考古、工艺美术和社会知识是必不可少的。

(2) 不断学习，练就"慧眼"。这种"慧眼"不是一朝一夕炼成的，而是日积月累、不断学习、不断总结经验后才可能具备的。只有虚心学习，不耻下问，才能不断地提高鉴藏水平。

(3) 做个勤奋的收藏家。首先，要学会取经于典籍，以书为师；其次，要取经于真品，学会以物为师；最后，还要加强与藏友和专家的交流，做到以友为师。

这些专业知识的积累是一个循序渐进，逐步提升的过程，它没有捷径可走。真正有心从事收藏活动的人士，只有潜心研究鉴赏知识，了解市场动态、行情，才能懂得对繁杂的古旧物品有所甄别取弃，才能侥幸少花冤枉钱。

426 琢磨收藏品

收藏本身就是一个宽泛的概念，藏家应以兴趣和文化价值决定收藏的方向。艺术品收藏本来就是属于精神审美的范畴，对于大多数人而言，收藏艺术品都与自己的兴趣爱好、文化取向有关。俗话说得好："收藏无止境，乐在追求中。"著名作家歌德也曾说过："收藏家是最幸福和快乐的人。"其实，收藏本身的过程赋予了投资者最大的幸福和快乐，所以投资者进行收藏应该更多地从兴趣出发，学会把收藏与兴趣快乐相结合，这样才会乐此不疲，心情愉快。

对于真正会让人喜爱、让人收藏的好东西，或多或少都会拥有相应的市场人群。一方面既能满足自身的收藏喜好；另一方面也绝对是会逐渐玩出这一门类的"味道"来，继而达到"以藏养藏"的艺术玩家境界。此时，投资者自然而然也就会有所收益和回报的。

因此，艺术品收藏和别的投资很不一样，并不能完全当作一种投资，当然也不必过于理性而片面地强调艺术品的商品属性，它很大程度上还是要有兴趣喜好作为基础的。真正投入到这个领域的人，多数还是因为爱好艺术品，收藏的乐趣不只是金钱可以衡量的。

427　树立收藏理财风险意识

收藏市场纷繁复杂，有淘宝的机会，也有重重的陷阱，是一个高风险的市场。投资者还必须加深对艺术品市场的了解，才更有可能取得成功。这其中最基本的包括政策法规的风险，操作失误的风险和套利的风险。

（1）政策法规的风险。文物商品是特殊商品，我国为此制定了相关的法律《文物保护法》，它对馆藏文物、民俗文物和革命文物都有具体的界定，尤其是对文物的收藏和流通所作出的相关具体规定，应引起市场参与者的重视。

（2）操作失误的风险。就一般的古玩收藏爱好者而言，操作失误是指以真品的价格买了仿造品，则使你亏损，且回本无望；或是以高出市场的价格买了真品，该操作还有可能随着需求的变化，获得某些补偿、回报。

（3）套利的风险。古玩市场是一个不健全、有待完善的交易市场，买者与卖者之间能否做到公平、公正地交易较大程度上都要看参与者对市场的参与和认知程度。

428　收藏品鱼目混珠

中国已经成为全球最大的艺术与古董收藏市场，书画和艺术品拍卖价格屡创新高。但另一方面，景德镇仿制明清官窑和宋瓷，安徽蚌埠仿制高古玉器，天津仿造古代书画，河北曲阳、雄县仿制古代石雕，河南洛阳仿制唐三彩等。在巨大的商业利益面前，这个本该充满"文化味"的市场却暗流涌动……收藏界把看走眼收藏了的假货称为"吃水"。刚刚介入的投资者"呛几口水"在所难免，即便是经验丰富的老江湖，甚至收藏大家也有看走眼的时候。收购了假货的例子不胜枚举，而造成的损失几乎是百分之百的。因此，对于投资收藏者进行收藏市场一定要谨慎操作，越是珍稀品种，越要格外小心，有条件的最好请专家帮助鉴别。

429　收藏品不善保管

收藏品有实物类型的，实物的磨损就是价值的削减，由于受气候和一些人为因素的影响，各种收藏品都会面临保管风险。藏品受损的情况很普通，有的珍贵文物严重劣化变质而丧失价值，究其原因主要是收藏环境不宜所致，由于它属于自然因素造成的，故未被引起足够重视，长此以往藏品的命运不堪设想。

（1）应该把藏品保存环境问题放在重要地位，尽最大可能防止藏品损坏。收藏者要谨防破损、污渍、受潮、发霉、生锈，也不能随意加工，否则收藏品可能会价值大跌，甚至一文不值。

(2) 在鉴赏、摆放和运输的过程中，也需要格外小心。瓷器要注意放置和包装，以防破损；字画要防蛀、防潮；邮票、纸币等还要防折损和避免受到各种化学物品腐蚀，甚至禁止用手触摸。

430　难以控制收益率

通常情况下，投资藏品的风险要比投资债券和房产都高，作为补偿，收藏的投资回报率一般也要比其他的投资品种高。但在一定时期，收藏品的价格一般比较稳定，它的收益是随着人民生活水平的提高而逐渐提高的，不能抱着暴富的心态从事收藏。当然也有特殊情况，有些持有很长时间的艺术品可以卖出天价，但在买入价与卖出价的巨大反差面前，人们往往忽视了其中的机会成本和通货膨胀因素。更何况，许多时候还会出现没有收益甚至收益为负的情况。

第 17 章
火爆产品：玩转互联网金融

学前提示

现在是信息科技时代、互联网时代。互联网改变了我们的生活的方方面面，其中最为重要的是我们的工作方式和理财手段。我们理财现在也可以通过互联网虚拟网络进行。对于任何理财者，互联网理财应该具有足够的吸引力。

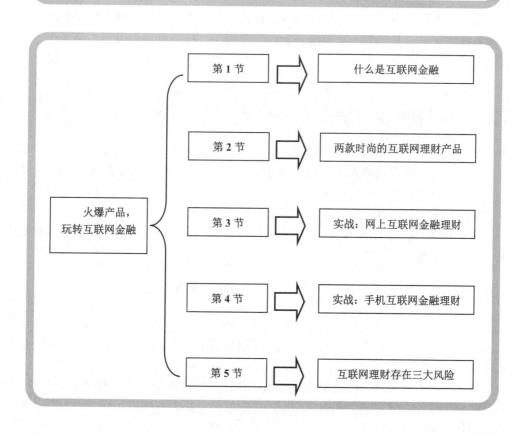

火爆产品，玩转互联网金融	第 1 节 ⇒	什么是互联网金融
	第 2 节 ⇒	两款时尚的互联网理财产品
	第 3 节 ⇒	实战：网上互联网金融理财
	第 4 节 ⇒	实战：手机互联网金融理财
	第 5 节 ⇒	互联网理财存在三大风险

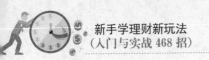
17.1 什么是互联网金融

互联网金融是指以依托支付、云计算、社交网络以及搜索引擎等互联网工具，实现资金融通、支付和信息中介等业务的一种新兴金融。根据互联网金融的基本功能，可以将其划分为以下几大类型。

431 第三方支付平台

第三方支付是指具备一定信誉保障的独立机构，通过与银行签约，提供支付结算接口的交易平台。随着行业的发展，目前的第三方支付平台不但可以完成各项支付功能，还提供多种生活服务，如手机充值、水电缴费、信用卡还贷等。

多数业内人士认为，第三方支付实际上是互联网金融创新的主链条，在每一个节点上都有可能会产生新的互联网金融模式，如支付宝的"余额宝"功能，让支付软件成为"会挣钱的钱包"。

第三方支付不仅可以进行理财和资金托管，其作为支付通道带来的直接的数据流和信息流，还将是云计算、大数据挖掘的"宝藏"。投资管理、保理、融资租赁将是其未来许多第三方支付平台的业务布局，如易宝支付的支付业务已经渗透航空、保险、旅游等行业。

432 什么是平台网站

平台网站多数是指互联网金融门户，如融 360、格上理财、平安陆金所，它们本身不参与交易和资金往来，而是扮演信息中介的角色。各家金融机构将金融产品放在互联网平台上，用户通过贷款用途、金额和期限等条件进行筛选和对比，自行挑选合适的金融服务产品，其核心本质是"搜索比价"。

除了金融门户网站以外，还有许多其他类型的平台具有互联网金融属性，如网购平台、社交平台等。

433 互联网借贷

互联网借贷是指利用网络进行贷款或借出资金，资金的借出者多为互联网上的其他用户，借贷平台网站将这些资金汇聚起来借给需要资金的用户，资金借出者可获得利息作为"投资收益"。

目前，国内市场最火的借贷方式属于 P2P 与 P2C 网络信贷，资金供需双方直接联系，绕过银行、券商等第三方中介。P2P 即点对点的借贷模式，而 P2C 则是企业向个人进行借贷，其本质都是一种民间借贷方式，借贷平台网站从中收取一定的佣金，如人人贷、拍拍贷、宜信等。

网络小额信贷也是比较有人气的项目，互联网企业将电子商务平台上，客户信用数据和行为数据映射为企业和个人的信用评价，批量发放小额贷款。网络小额信贷将大数据处理和云计算技术结合在一起，从海量数据中挖掘出有用的客户信用等信息，具有"金额小、期限短、纯信用、随借随还"的特点。网络小额信贷的代表有阿里小贷、苏宁易购和京东商城供应链金融。

434 互联网保险

互联网保险也就是通过互联网进行购买保险，进行理赔，而不需要通过保险公司业务人员。

事实上，早在十多年前就有保险公司进行网络销售，但在 2013 年之前，都处于"新渠道探索"阶段。其原因还是互联网本身并未普及，而购险人群多为 30 岁以上的人士，甚至有不少人认为"上网"就等于玩游戏。

直到马云的阿里巴巴集团、马化腾的腾讯集团与马明哲的平安集团联合推出众安在线后，普通消费者才开始接受网络购险，一些老牌保险公司也纷纷把宣传主力投入至互联网市场。总的来说，保险公司在拓展互联网渠道方面有两种模式。

（1）自建渠道。保险公司成立网上商城，或设立电商子公司。但自建渠道与险企知名度有关，如果本身影响力有限，加上很多消费者对保险仍然存在认识误区，用户很难主动单击，这使得保险公司难以像淘宝这种的纯线上电商一样重视互联网平台建设，让产品与渠道相适应。

（2）借助现有互联网平台。鉴于保险产品的特殊性，并非所有保险产品都适合在互联网销售，因此，借力现有互联网平台也在险企战略中难成气候。其实当前网上销售的产品多为理财型保险，而且以短期产品为主，"快速获利"特征明显。

不管发展历程多么艰辛，保险业互联网金融的选择，既是顺应网络时代的大势所趋，也是一种不得已的渠道变革。互联网平台的巨大流量对保险销售的带动，是自建网络很难达到的。相较于第三方合作，自建网站短期投入高，但随着续保占比提高，成本摊薄，优势会凸显。不管采用哪种模式，其业务占比应该保持合理，如果网销发展过快，公司各渠道之间的协调就会出现问题。

435 传统金融转网络化

传统金融转网络化是指股票、基金、外汇等传统金融项目，正逐渐转变为投资者通过互联网即可完成开户、入金、交易以及出金等流程。

以股票市场的投资者为例，早期股市进行买卖交易时，都需要去证券公司进行委托下单。但现在，大多数投资者都是在家炒股，通过交易软件不但可以完成股票的买

卖，还可以对各种技术指标进行分析。无数人围着一块大屏幕看股价的滚动信息、一些投资者相互讨论股票的好坏，这样的画面已难以出现了。

17.2　两款时尚的互联网理财产品

随着互联网金融的发展，大量的网络理财产品不断涌现，随着"各种宝"等理财产品的火热推出，互联网销售理财产品开始接连掀起"抢钱"活动，下面就对常见的互联网理财产品进行简单的介绍。

436　余额宝：余额增值，随时消费

余额宝(https://financeprod.alipay.com/fund/index.htm)是由第三方支付平台支付宝为个人用户打造的一项余额增值服务，发行于 2013 年 6 月 13 日。通过余额宝，用户不仅能够得到收益，还能随时消费支付和转出，像使用支付宝一样方便。

437　理财通：广阔的用户覆盖面

腾讯微信理财通，是一款货币基金产品，合作伙伴包括华夏、易方达、广发和汇添富四家基金公司。该产品于 2014 年 1 月 15 日上线，7 日年化收益率一度高达6.4350%，相当于活期存款的 16 倍以上。

随着理财通产品的推出，互联网金融行业人士认为，基于微信庞大的用户数、高频次打开率，微信理财通将是未来最有潜力对抗余额宝的产品。

17.3　实战：网上互联网金融理财

虽然余额宝并不是收益最高的互联网理财产品，但绝对是广大用户认可度最高的。本节将以详细的图文说明教会大家如何使用余额宝买卖理财。

438　支付宝注册

首先进入支付宝官方网站(https://www.alipay.com/)，网站的欢迎页会出现"登录和立即注册"按钮，这时有账号的用户就可以直接点登录了，没有账号的用户可以单击立即注册按钮。

单击"注册"后就可以看到和手机支付宝类似的注册页面，如图 17-1 所示。

图 17-1　网站注册页面

439　转入资金购买余额宝

用户注册好账户并绑定银行卡后，即可将银行卡内的资金直接转入余额宝中，开始理财投资。

用户登录后，在支付宝的主页面单击"转入"按钮，如图 17-2 所示。选择转入方式并填入转入金额后，单击"下一步"按钮。选择需要转入资金的银行卡后，单击"下一步"按钮。输入支付宝支付密码、短信校验码后，单击"确认支付"按钮即可完成资金的转入，如图 17-3 所示。

图 17-2　支付宝主页面

图 17-3　支付宝密码确认页面

440　转出资金赎回余额宝

在支付宝界面单击"转出"按钮，如图 17-4 所示。选择"转出至银行卡"并填写相关信息后，即可将资金直接转至自己的银行卡内，如图 17-5 所示。用户也可以将余额宝内的资金转入到支付宝中，选择"转出至账户余额"选项即可。转出完成后，系统会提示资金转出进度。

图 17-4　单击"转出"按钮

图 17-5　转出资金至银行卡页面

441　开通自动转入功能

对于一些支付宝的用户(如淘宝卖家)来说，可以开通余额宝的自动转入资金功能，以确保支付宝里的资金完全被利用。

在支付宝的主界面单击"管理"按钮进入其页面，单击"自动转入"功能栏里的"开通"按钮，如图 17-6 所示。

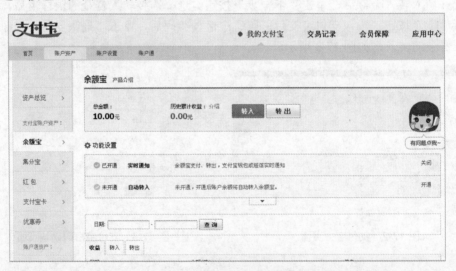

图 17-6　单击"开通"按钮

设置账户余额保留金额、输入支付宝支付密码后，单击"同意协议并确定"按钮即可完成自动转入的开通，如图 17-7 所示。

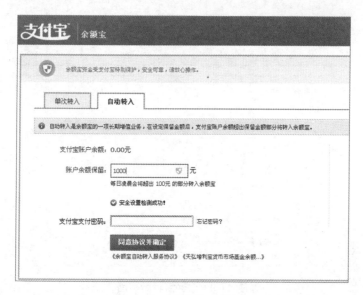

图 17-7 "自动转入"界面

442 余额宝进行网购付款

余额宝甚至可以直接进行网购付款，当用户进入支付宝付款界面后，可看到余额宝内的资金，单击该项目即可进行余额宝付款，如图 17-8 所示。

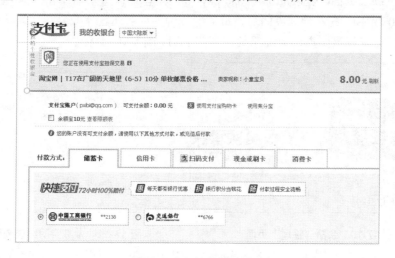

图 17-8 支付宝付款界面

与支付宝银行卡快捷支付类似，用户只需输入支付宝支付密码、短信校检码后，单击"确认付款"按钮即可使用余额宝内的资金进行网购付款，如 17-9 所示。

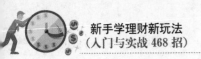
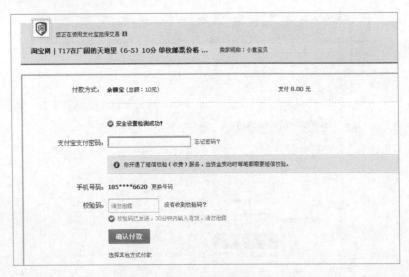

图 17-9　余额宝付款页面

443　余额宝的明细查询

余额宝是每天都有收益的且每天的收益都是变化的，如何查看历史信息和历史收益情况呢？

打开余额宝页面(网址 http://bao.alipay.com)并登录，进入后单击"管理"按钮，如图 17-10 所示。进入管理界面后，按需要查询的内容单击"收益""转入"或"转出"按钮，可调整日期查询详细明细，如图 17-11 所示。

图 17-10　余额"管理"页面

图 17-11　余额宝明细查询页面

17.4　实战：手机互联网金融理财

虽然电脑操作余额宝非常便捷，但是手机时代里，电脑与手机的随身携带的特点相比就略显笨重，手机余额宝理财对"手机贵族"而言更具吸引力。

444 支付宝手机注册和登录

首先需要在手机应用市场去搜索并下载支付宝手机用户端，下载完成后手机上会出现一个支付宝的 App 图标。单击进入手机支付宝，会看到一个登录、注册的界面，如果已经拥有支付宝账户或是淘宝会员的用户，就可以直接输入账号、密码进行登录了；如果还没有账户就单击屏幕下方的"注册"按钮来获取一个新的账号。

该方式以用户的手机号码直接注册，注册前需要设置头像、昵称、登录密码，单击"注册"按钮即可，如图 17-12 所示。系统会提示将发送一条短信验证码发到您需要注册的手机上，这时如果确认手机号码无误就单击"好"。

接收短信后用户把收到的校验码按提示填写好，再单击"提交"即可。完成以上步骤手机支付宝注册就完成了，填好账户名登录密码就可以登录进入手机支付宝主界面了，如图 17-13 所示。

图 17-12 "注册"界面

图 17-13 手机支付宝主界面

445 手机操作银行卡绑定

进入手机支付宝主界面后单击"财富"按钮，如图 17-14 所示。进入"财富"界面后单击"银行卡"按钮，然后选择添加银行卡，如图 17-15 所示。

输入自己本人的姓名，再单击卡号旁边的相机按钮拍摄银行卡(也可直接输入卡号)，单击"下一步"按钮，如图 17-16 所示。输入要绑定的银行卡号和银行预留的手机号码，然后单击"下一步"按钮，如图 17-17 所示。

图 17-14　"财富"界面

图 17-15　添加银行卡界面

图 17- 16　持卡人和卡号信息输入界面

图 17-17　填写银行卡信息

这时候手机上会收到一条短信，输入短信里的验证码然后单击"下一步"按钮，如图 17-18 所示。绑定成功，查看"我的银行卡"界面里会出现被绑定的银行卡，可以同时绑定多张银行卡，如图 17-19 所示。

图 17-18 验证码填写界面

图 17-19 多张银行卡绑定界面

446 转入资金购买余额宝

进入支付宝"财富"界面，单击"余额宝"按钮，进入余额宝后单击"立即转入"按钮。输入想要转入的金额并单击"确认转入"按钮，如图 17-20 所示。

按提示输入支付宝的支付密码后，系统会自动跳转出现支付成功的提示。显示结果详情，并提示用户受益生效的时间。回到余额宝就可以看到总金额发生了变化，如图 17-21 所示。

图 17-20 单击"确认转入"按钮

图 17-21 查看收益

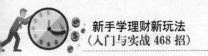

447　转出资金赎回余额宝

进入余额宝主界面，单击"转出"按钮，选择将资金转出至银行卡或支付宝，若用户的支付宝绑定多张银行卡，还可单击银行卡进行选择，如图 17-22 所示。选择银行卡后将自动返回。输入转出的金额后单击"确认转出"按钮，如图 17-23 所示。输入支付宝支付密码后单击"确定"按钮。显示结果详情，并且提示用户到账时间。

图 17-22　选择转出银行卡

图 17-23　单击"确认转出"按钮

448　怎样查看收益

进入余额宝主界面即可查看收益详情，如图 17-24 所示。单击"七日年化收益率"可查看余额宝以往每日的收益率，如图 17-25 所示。

图 17-24　查看自己的收益界面

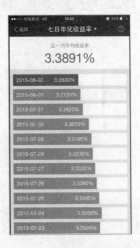

图 17-25　查看收益数据界面

17.5 互联网理财存在三大风险

"理财有风险，投资需谨慎。"这句话同样适用于备受追捧、销售火热的互联网理财产品。那么，互联网投资理财主要存在哪些风险呢？

449　风险提示不充分

互联网理财产品风险提示往往不足。在铺天盖地的宣传中，互联网企业对风险提示严重不足，片面强调安全性和收益率，诸如"有保底""大品牌保障"等词语屡见不鲜。货币基金虽然风险较小，但货币市场利率波动仍然会影响其收益率。同时，很多互联网理财产品普遍采取的"T+0"模式，也存在集中赎回带来的流动性风险。

450　市场监管不力的风险

互联网理财市场存在违规促销、无序竞争的风险。一些互联网企业为了吸引眼球，甚至不惜自掏腰包发"补贴"。但《证券投资基金销售管理办法》中明确规定，基金销售机构从事基金销售活动，不得有"采取抽奖、回扣或者送实物、保险、基金份额等方式销售基金"等行为。

另外，一些货币基金宣扬的收益率仅仅代表历史业绩，投资者需明白，货币基金的收益是与货币市场利率走势息息相关的，是有波动性的，因此不能简单地以历史业绩为唯一标准。

451　安全问题隐患

多数互联网理财产品均宣传由保险公司全额承保，但是，投资者仍要注意账户安全问题，因账户丢失导致资金损失而未得到赔付的报道屡见不鲜，对于大额资金的投入，投资者仍需谨慎。

第 18 章

手机理财新玩法：不一样的赚钱方式

学前提示

现在是手机时代，而现在手机的功能早不是过去单纯的只能发短信、通电话、设闹铃、看日历。现在手机具有"迷你计算机"的称号，许多企业相继开发手机的理财功能。淘宝、微店后者居上，在手机理财开发方面最具有特色。本章单独为理财初学者介绍 App 式、平台式、微网式以及淘宝的开店运营等手机理财技巧。

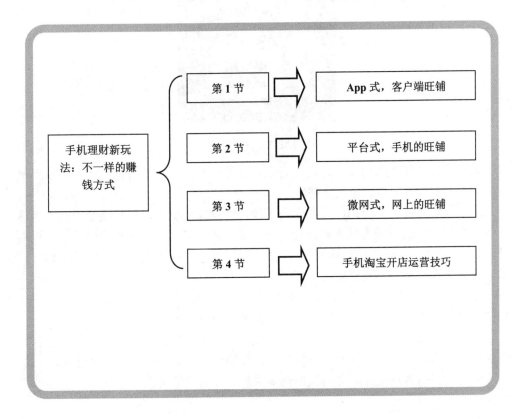

手机理财新玩法：不一样的赚钱方式		
	第 1 节	App 式，客户端旺铺
	第 2 节	平台式，手机的旺铺
	第 3 节	微网式，网上的旺铺
	第 4 节	手机淘宝开店运营技巧

18.1 App 式，客户端旺铺

App 式手机旺铺是指用户能够在移动终端上下载应用程序的一种"掌上旺铺"，这种创新性的开发，让人们能够随时随地对店铺展开运作，正是因为 App 的诸多便捷性，因此 App 式手机旺铺一经推出，就瞬间成为众人瞩目的焦点。下面让我们来看看以 App 形式发展的手机旺铺。

452 微店

微店由北京口袋时尚科技有限公司开发，是帮助卖家在手机开店的 App，微店不像传统电商那样过度依赖于平台(如淘宝/天猫/京东)，而是依赖于店主的客户以及与客户保持联系的渠道。如图 18-1 所示是微店图标。

图 18-1 微店图标

无论是想要开店的创业者，还是力图转型的企业商家，都可以选择"微店"平台开店，因为它拥有无可比拟的优势。

(1) 微店降低了开店的门槛和复杂手续，并且完全免费，所有交易不收取任何手续费。在回款方面，微店每天会自动将前一天货款全部提现至用户的银行卡，以便及时汇款(一般 1~2 个工作日到账)，同时支持信用卡、储蓄卡、支付宝等多种方式付款，且无须开通网银，既快捷又方便。

(2) 微店 App 支持目前最常用的应用平台，包括苹果手机的 iOS 系统、安卓手机的安卓系统等，系统要求较低，适用于大多数智能手机。

(3) 最重要的是微店的强大功能，主要包括九大功能：商品管理、微信收款、订单管理、销售管理、客户管理、我的收入、促销管理、我要推广、卖家市场。

(4) 良好的客户服务是微店赢得众多用户信任的关键所在。

453 口袋购物

口袋购物是一款移动平台推荐的购物类应用软件，主打个性化、精准化的商品推荐。功能主要是热门商店推荐，根据用户的个人喜好寻找商品，同时每天精选潮流热卖商品，帮助用户一站式购买淘宝、天猫、京东、凡客、苏宁等商城的商品，随时随地发现又好又便宜的宝贝。为用户推荐流行潮品的同时，还支持支付宝在线购买，有良好的用户体验。如图 18-2 所示为口袋购物 App 的"注册"界面。

图 18-2　"注册"界面

454 微店网

微店网是由云商微店网络科技有限公司推出的一个云推广电子商务平台，微店网的上线，标志着整个网商群体的真正崛起。微店网既为网民提供了一个创收的平台，又为商家提供了一个优质的网络销售渠道，节省了推广宣传的费用。

微店网为网民创造了一个新的角色——微店主，不需要任何费用，普通用户免费注册就能成为微店主，每个人都有一个"微店"，他们只需要做宣传、做推广，让顾客、消费者从自己的店铺里购买商品，他们就可以获得"佣金"。

其实，商家进驻微店网平台，他们所发布的商品不仅仅是在自己的店铺里，微店网做了一个云端产品库，商品发布后都会达到云端产品库，而每一个微店都是与云端产品库相关联的，也就是说，商家发布的产品，在每一个微店里都可以找到和出售。

在微电网开微店无须资金成本、无须寻找货源、不用自己处理物流和售后，比较适合作为大学生、白领、上班族的兼职创业平台，如图 18-3 所示。

图 18-3　微电网手机平台

455　妙店

妙店，原名为"金元宝微店"，是由北京易达正丰科技有限公司开发的，以服务微信商家客户为目的的微信开店平台，如图 18-4 所示。妙店微信管理平台为企业提供了强大的自定义回复及图文信息分类功能，通过此功能可以更好地做出具有企业特色的内容，并自动建立企业手机 3G 网站，更好地服务于客户。

图 18-4　妙店

妙店的微店铺主要有管理、服务、数据统计以及顾客体系等功能。

(1)　管理：包括订单管理、客户管理、商品管理。

(2)　服务：转发、推广二维码、会员卡、提现等服务。

(3)　数据统计：妙店提供多种销售情况统计方式，量化信息，让微店的一切尽在商家的掌握中。

(4)　顾客体系：支持查看客户的收货信息、历史购买数据等，帮助用户分析客户喜好，进行精准营销。

18.2 平台式，手机的旺铺

2014 年 5 月，微信公众平台宣布正式推出"微信小店"，将形形色色的小店搬进微信里，只要登录微信上的服务号，即可获得轻松开店、管理货架、维护客户的简便模板。这不但让曾经的那句"微信，不仅仅是聊天工具"成为现实，也让移动电商大战正式拉开序幕，除此之外，京东也开设了京东微店平台。

456 微信小店

想做微信小店，必须满足几个先决条件：必须是服务号；必须开通微信支付接口。其中，服务号和微信支付都需要企业认证。

"微信小店"的开通方式很简单，只要已经是获得了微信认证的服务号，即可自助申请。"微信小店"基于微信支付来通过公众账号售卖商品，可实现包括开店、商品上架、货架管理、客户关系维护、维权等功能。商家通过"微信小店"功能，也可为用户提供原生商品详情体验，货架也更简洁。

认证前应准备好材料，企业至少要有营业执照复印件、公章等，机构至少要有组织机构代码证复印件、公章、法人信息证等。

微信认证体系提供更安全、更严格的真实性认证，也能够更好地保护企业及用户的合法权益。微信认证全过程完成后，用户将在微信中看到认证公众号特有的标识，如图 18-5 所示。

图 18-5　认证公众号特有的标识

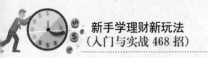
457　京东微店

京东微店是基于京东商户平台、微信及微信公众平台构建的移动购物解决平台。目前，京东微店入驻仅针对 QQ 网购商户和部分京东商户开放，如图 18-6 所示。

图 18-6　京东微店入驻

1．店铺类型

(1)　旗舰店：商家以自有品牌(商标为 R 或 TM 状态)入驻京东微店开设的店铺。

(2)　专卖店：商家持品牌授权文件在京东微店开设的店铺。

(3)　专营店：经营京东微店同一招商大类下两个及以上品牌商品的店铺。

2．主要功能

(1)　移动项目中心：提供个性化店铺装修、模板化/自定义专题页、移动货架管理、移动订单管理、微信账号管理等功能。

(2)　独家流量生态圈：独家流量生态圈分为以下几种。

①微信购物入口：消费者可以通过微信关注"京东 JD.COM"公众号，即可进入微信购物商城。②手 Q 购物入口：消费者可以通过手机 QQ 进入京东微店。

(3)　便捷支付体验：接入多种移动支付能力(微信支付、QQ 钱包支付等)，根据用户场景提供最便捷的支付体验。

18.3　微网式，网上的旺铺

微网式旺铺平台，与手机 App 式、微店平台类似，用户可以选择官网下载客户端、应用商店下载等方式在网站上进行安装注册的店铺平台。

458　有赞

有赞，原名叫"口袋通"，是由杭州起码科技有限公司开发的基于 SAAS 模式的社会化 CRM(微店铺＋微粉丝营销)平台。如图 18-7 所示是平台的首页。

图 18-7 "有赞"首页

有赞有一套强大的微店铺系统，为商家提供了完整的微电商解决方案。使用有赞，商家可以快速、低成本地搭建一个微商城。有赞提供了全套的商品管理、订单管理、交易系统、会员系统、营销系统。另外，有赞提供的店铺页面管理系统，商家有极高的自由度去定制自己的商城，几乎每一个页面都可以自定义。

有赞提供的是底层整套的店铺系统，它和微信(微博)并没有直接联系。不过，通过把微信(微博)账号绑定到有赞店铺上之后，微信(微博)则成为店铺面向粉丝的重要出口。换句话说，账号绑定后，商家就可以把店铺经营到微信(微博)上，向自己的粉丝推送活动通告、上新通知，和粉丝直接交流和沟通，粉丝可以直接在微信(微博)App 内单击进入店铺，浏览商品，并完成最终的购买。

更重要的是，有赞提供了十分强大的客户管理系统(需要微信认证服务号)，商家可以对自己的每一个粉丝进行分组，并且打上特定的标签，更加有针对性地进行消息推送。

459 微盟旺铺

2014 年 7 月 29 日，第三方平台微盟宣布微盟旺铺正式上线，微盟旺铺是基于微信小店的第三方解决方案，可满足移动电商运营的核心需求，如图 18-8 所示。

微盟是一个专门针对微信公众账号提供营销推广服务的第三方平台。其主要功能是针对微信商家公众号提供与众不同的、有针对性的营销推广服务。通过微盟平台，用户可以轻松管理自己的各类微信信息，对微信公众账号进行维护、开展智能机器人、在线发优惠券、抽奖、刮奖、派发会员卡、打造微官网、开启微团购等多种活动，对微信营销实现有效监控，极大地扩展潜在客户群和实现企业的运营目标。

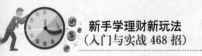

图 18-8　微盟旺铺首页

　　微盟平台很好地弥补了微信公众平台本身功能不足、针对性不强、交互不便利的缺陷，为商家公众账号提供更为贴心的且是核心需求的功能和服务。例如，在线优惠券、转盘抽奖、微信会员卡等推广服务更是让微信成为商家推广的利器；智能客服的可调教功能让用户真正从微信烦琐的日常客服工作中解脱出来，真正成为商家便利的新营销渠道。

460　开旺铺

　　传统电商主要通过电脑屏幕销售商品，由于手机屏幕小、移动支付等原因，他们很难通过移动设备销售商品。开旺铺可以通过美妙简单有趣的移动购物体验，将传统电商所销售的商品呈现给移动用户。

　　开旺铺定义了开放的移动电子商务的 API 协议，它是特别为移动应用场景所设计的。不仅商家的移动商店可以通过开旺铺开放 API 连接到现有的网上商店，甚至其他设备，如自动售货机、交互式触摸屏、游戏机等，任何第三方应用都可以成为商家的销售渠道。另外，商家仍然在原来的后台管理所有的商品、类目、订单、优惠券，开旺铺移动终端会实时从后台读取商品信息，写入移动用户的订单信息。

　　进入开旺铺主页，可以选择桌面版商店和移动版商店两种类型，并在下面的文本框中输入商店名称，单击"开始"按钮，如图 18-9 所示。

　　开旺铺 App(KANCART)的基本功能有用户设置、地址簿、商品类目、商品列表、商品详情、商品评价、促销列表、购物车、支付、订单列表、Google 分析、分享到社交网络、商店手册、商店定位、二维码商品、二维码结账、图像识别、电视广播识别等。

图 18-9　开旺铺商店名称设置主页

461　微猫

微猫是以新浪微博为切口的社会化电子商务平台，将产品信息与购买行为碎片化渗透所有的社交网络。通过微猫，商家能做到低成本、新渠道、快速开微店，轻松建立自己专属的客户群，随时随地成交；还可以卖别人的产品，赚取佣金。

进入微猫首页(http://www.wemart.cn/)，单击右上角的"注册"按钮，如图 18-10 所示。根据"新手引导"操作，即可完成基本信息完善、商品管理、店铺装修、设置提现账号、App 绑定、查看添加扩展功能等操作。

图 18-10　微猫首页

462　点点客

点点客将微信、微博纳入企业营销的整体体系，研发出 20 套行业版微信产品，并协同微信 App 和微信代运营业务，实现利润最大化。点点客具备微相册、微网站、微商城、360 度全景展示、微排队、会员卡、优惠券、大转盘、微红包等几十项功能。如图 18-11 所示是点点客的首页。

图 18-11　点点客首页

点点客使用全新的方式销售、服务和推广，具有更好的兼容性、更便捷的操作性、更庞大的集中库、更直观的数据分析，能帮助商家获取推动微店成长的持续动力。

18.4　手机淘宝开店运营技巧

用手机开店，绝对是当今做生意最热门的方式。本节主要介绍手机淘宝的开店与运营技巧，帮助用户快速使用手机做生意赚钱。

463　认证，淘宝开店的方法

目前在淘宝网注册的店铺有 800 万家之多，整个平台一年的营业额近 10000 亿元。这样数字的背后，少不了淘宝开店带来的巨大利益。在淘宝开店之前，需要进行支付宝的实名认证和绑定，然后才能在淘宝里面开店。

打开手机淘宝，进入"我的店铺"，看到如图 18-12 所示界面。单击"淘宝开店认证"按钮，进入"验证手机号"界面，可以看到开店认证的操作步骤，单击"我知道了"按钮。执行操作后，进入"验证手机号"界面，在相应的文本框中输入电话号码，单击"获取验证码"按钮。

在相应文本框中输入校验码，单击"下一步"按钮，进入"填写有效期"界面，在相应文本框选择有效日期，单击"下一步"按钮。执行操作后，进入"填写联系地址"界面，在相应选项栏和文本框中填写好联系地址，单击"下一步"按钮。

执行操作后，进入"拍摄照片"界面，分别拍摄半身照、身份证正面、身份证背面 3 张照片，拍摄完执行操作后，进入"淘宝开店认证"界面，显示提交成功，等待系统审核，如图 18-13 所示。

图 18-12　"我的店铺"界面

图 18-13　等待审核

464　进货：货比三家低成本

"手机开店卖什么？"这是每个店首先考虑的大问题，哪些商品最热销？哪里能淘到正品货源？本章搜集了目前市面上最热门的产品以及最常用的进货渠道，帮助新店主迅速找准热卖商品，顺利开店。

(1) 批发市场：每个城市一般都有一个比较大的小商品批发市场，产品便宜并且交通方便，因此很多创业者一般都会去这些地方进货。一般来说，在大城市开网上商城更有优势，因为他们的线下货源更好，工厂和批发市场也非常多。

(2) 厂家货源：厂家分为生产厂家和生产销售型厂家，前者是只提供加工的，由销售单位提供服装的款式、布料、颜色、数量等要求，由生产厂家开始生产，这种厂家是不做销售的，后者是自己设计内部生产，然后在市场上销售，款式设计的来源分为完全自己设计，借款修改设计和完全照别人的图片生产三种方式。

(3) 跳蚤市场："跳蚤市场"是欧美国家对旧货地摊市场的别称，它由一个个地摊摊位组成，市场规模大小不等，所售商品多是旧货，如人们多余的物品及未曾用过但已过时的衣物等。小到衣服上的小件饰物，大到完整的旧汽车、录像机、电视机、洗衣机，一应俱全，应有尽有，价格低廉，仅为新货价格的 10%～30%。

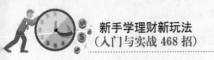

465 装修：让人来了不想走

漂亮的店铺可以让买家在购物的同时，享受精美界面带来的愉悦；同时让买家较长时间地停留在店铺，增加购买的可能性。因此，手机店铺想要吸引顾客，必须从店铺装修入手，优化店铺界面，打造销量猛增的手机店铺。

(1) 店铺名称：简单明了，手机店铺很小，并且同类店铺很多，因此名称越简单、越好记，就越实用，如图 18-14 所示。

图 18-14 简洁明了的名字

(2) 色调：一般来说，暖色系是很容易亲近的色系，同色系中，粉红、鲜红、鹅黄色等是女性喜好的色彩，装修妇女用品店及婴幼儿服饰店较合适。

(3) 店标装修：店标位于店铺的左上角，建议规格为 80px×80px。店标作为店铺的标志，要能体现店铺的个性、店铺经营的内容，能够给人以深刻的印象，如图 18-15 所示。

(4) 店招装修：店招大小在 100K 以内，建议规格为 950px×150px，对于店招的装修，建议卖家们先从整个店铺的风格考虑，包括主题色、经营什么产品等因素，才能定好店招要制作成什么风格，如果前期卖家对店招的设计无从着手，可以到其他店铺去模仿学习一下。

手机店铺的页面是附着了卖家灵魂的销售员，店铺的美化能让买家从视觉上和心理上感受到卖家对店铺的用心，并且能够最大限度地提升店铺的形象，有利于店铺品牌的形成，提高浏览量，增加顾客在店铺停留的时间，手机店铺的装修也是如此。

图 18-15　店标

466　推广：吸引用户靠王牌

如何推广手机店铺是卖家遇到的一个难题，下面主要介绍手机店铺推广营销的一些方法。

（1）点击率：以服饰女装为例，首先，选择的商品最好是适合年轻女性的，年龄通常在 18～28 岁左右，这个年龄阶段的女性是店铺最大的买家群体。在衣服的风格上，应该选择当下年轻女性喜欢的日韩系风格，如图 18-16 所示。

图 18-16　合适的商品风格

(2) 排名率：商品标题，设置好关键词以提高商品的排名率。商品关键词的设置需要注意，标题的设置首选应该包括商品的基本属性和宝贝的类别。商家可以在相关的手机店铺购物平台随意输入一个关键字，系统自动推荐出来的关键字，这些就是热搜的关键字。

467 营销：让成功手到擒来

手机店铺营销的方法有很多，下面主要为读者介绍手机店铺的营销方法，为商家的手机店铺营销提供一些思路和行之有效的方法，帮助商家获得更多的粉丝。

(1) 集赞送礼：如今，在微信朋友圈里，"集赞送礼"活动正在风风火火地流行起来；只要转发活动内容到朋友圈，并能在活动时间内集够一定数量的好友"赞"，即可领到各种体验产品。

(2) 空间营销：QQ 空间其实就是一个博客，所以要利用 QQ 空间做好营销，商家每天发布一条产品图片信息，并辅助以产品介绍是比较合适的选择。

468 运营：如何激发购买欲望

购买欲望是指消费者购买商品或劳务的动机、愿望和要求，它是使消费者的潜在购买力转化为现实购买力的必要条件，它也是构成市场的基本因素。

不同的顾客有不同的需要，产生不同的欲望，有不同的担忧与疑虑。因此，不能用千篇一律的方法去激发所有顾客的购买欲望。店主或售前客服必须准备好很多理由与方式，然后因地、因人运用，应做到随机应变。

例如，可以利用手机店铺的公告、店招、商品图片优化等方式，营造和渲染出热烈的销售气氛，以唤起顾客的好奇心。顾客一旦被热销氛围感染，就会产生购买冲动，从而达到刺激消费的目的，如图 18-17 所示。

 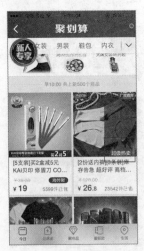

图 18-17 营造热销的氛围，吸引顾客上门